KB188061

**이제서야 보이는
런던의 뮤지엄**

[일러두기]

· 지명, 인명, 상호 등의 표기는 외래어 표기법을 따랐으나
  몇몇 예외를 두었습니다.
· 국내에 소개되지 않은 책, 제품, 브랜드 등 일부는 의미를 살리기 위해
  번역하지 않고 원어로 표기했습니다.
· 환율은 1파운드는 1,500원, 1달러는 1,300원으로 환산했습니다.

이제서야 보이는
런던의 뮤지엄

윤상인 지음

V & A
MUSEUM

NATIONAL
GALLERY

COURTAULD
GALLERY

WALLACE
COLLECTION

BRITISH
MUSEUM

∞

SIRJOHNSOANES
MUSEUM

TATE
BRITAIN

TATE
MODERN

NEWPORT
STREETGALLERY

SAATCHI
GALLERY

STREETART
SHOREDITCH

부서진 고정관념이 쌓여
런던의 뮤지엄이 된다

숲을 걷다 양 갈래 길을 만났다. 한쪽은 여러 사람이 지나간 흔적이 역력하고 다른 한 쪽은 무수한 낙엽 위로 아무런 발자욱도 남겨져 있지 않다. 이 갈림길에 서면 누구든 걸음을 망설이게 된다. 로버트 프로스트의 《가지 않은 길》이란 시의 내용이다.

  이와 같은 상황 속에서 '그들' 역시 처음엔 주저했을 테다. 하지만 자신의 낮은 신발굽을 낙엽 속에 과감히 파묻고 길을 떠났다. 만들어진 길을 걸어나간 것이 아니라 없던 길을 만들어 나간 것이다. 곧 여러분이 페이지를 넘기며 만날 수십 명의 영국인이, 이 시의 주인공들이다.

  한국의 평범한 성인으로 자란 나는 항상 발자욱이 선명한 길을 택해 왔다. 그러다 이십 대가 되었을 때, 일생에 처음이라 할 수 있는 뜻밖의 사건을 감행했다. 군대를 제대하고 이스라엘로 날아가 키부츠라는 독특한 생활 공동체를 시작한 것이다. 1년쯤 지났을 때 그곳에서 사귄 외국 친구들이 런던으로 간다고 했다. 왜 런던이냐고 묻자 '세계의 수도니까'라는 답변이 돌아왔다. 그게 다였다. 그런데 이상하게도 그 말이 가슴에 날아와 꽂혔다. 도대체 어떤 도시기에 세계의 수도라는 것일까?

나는 런던으로 날아갔다. 5일쯤 머물다 프랑스로 넘어갈 계획이었다. 그러나 브릭 레인 거리에 늘어선 커리 맛에 홀딱 반해, 비 내리는 밤 펍에서 마시는 맥주가 감성을 촉촉하게 건드려서, 웨스트엔드의 매력적인 뮤지컬이 눈과 귀를 이끄는 바람에, 그리고 주머니 사정이 가벼운 나를 언제나 반갑게 맞아 주던 뮤지엄 때문에. 나는 이곳에 정착하게 되었다.

런던의 뮤지엄은 1년 중 360일 이상을 대중에게 활짝 열어 두고 있다. 영국인이든 외국인이든, 갓난아이든 노인이든 상관없이 누구나 무료로 입장할 수 있다. 갑자기 쏟아지는 비를 피하기 위해서 혹은 화장실이 급해 들어오더라도 아무도 나무라거나 눈치를 주지 않는다. 나 역시 입김이 하얗게 퍼지던 어느 겨울날 화장실을 찾기 위해 발을 동동 구르다 국립 미술관에 처음 들어섰고, 이후 자연스럽게 런던의 뮤지엄을 삶의 일부로 받아들이게 되었다.

살면서 미술관을 좋아할 것이라고는 생각해본 적 없었다. 사실 내 세대에서 문화 예술에 관심이 있다고 이야기를 한다는 건 살짝 손발이 오그라드는 일이었다. 문화 예술을 싫어해서가 아니라 좋아할 기회가 없었다는 게 더 맞는 이야기인 것 같다. 그러던 내가 런던에 왔다. 런던이란 도시의 미술관과 박물관은 새로운 세상을 선물했다. 아무도 가지 않은 길을 걸어도 괜찮다는 위로를 주었다. 단순히 위로에서 끝난 것이 아니었다. 그 선택을 통해 용기 있는 한걸음을 내딛음으로써 한 분야의 최고가 될 수도 있다는 메시지를 끊임없이 발산하고 있었다.

우리 사회는 '같음'을 추구하는 문화가 있다는 생각이 든다. 똑같은 차, 유행하는 옷을 사려 하고 같은 휴가지로 떠나고 싶어 한다. 모두가 좋은 학교에 가기 위해 경쟁한다. 대학을 졸업하면 큰 회사에 취직하고 20~30평대의 아파트에 살기 위해 노력한다. 일반화할 수 없지만 우리 주변에서 쉽게 볼 수 있는 모습이다. 이런 삶의 곡선은 만족스러운 일상의 궤도에 빨리 오를 수 있는 길을 마련해 준다. 남들이 앞서 다져 놓아 부드럽고 단정히 다듬어진, 목적지가 자명한 길이다.

런더너들의 사고방식은 조금 다르다. 영국인들은 세계

사에 두각을 드러내기 시작한 18세기부터 남들의 뒤를 밟으려고 하지 않았다. 새로운 길을 걸어나가 새로운 분야의 1등에 도전했다. 그래서일까, 영국은 세계 최초라는 타이틀을 유독 많이 보유하고 있다. 1765년에 증기 엔진을 발명한 것을 시작으로 기차, 철과 콘크리트, 전화기, 제트 엔진, 컴퓨터와 월드 와이드 웹WWW, DNA의 나선형 구조, 회전 교차로, 노트북, 현금 지급기까지 영국에서 탄생해 세상 밖으로 퍼져 나왔다.

옳고 그름의 문제는 아니다. 각자의 장점이 있기 때문이다. 그러나 새로운 길을 개척해 새로운 규칙을 만드는 영국에게는 어떤 자신감이 있다. 나의 방식으로 세상을 살아나가도 충분히 괜찮으며, 그것이 커다란 변화의 작은 시발점이 될 수 있다는 선명한 자신감이다. 우리가 어느 정도 만족하는 삶의 위치에 올라왔다면 세상을 바라보는 관점을 한 단계 업그레이드해보는 것도 좋지 않을까? 나는 영국이 가진 특이점을 보자는 이야기를 하고 싶었다. 뮤지엄이라는 렌즈를 통해서 말이다.

박물관과 미술관의 이야기가 어쩌면 진부하게 보일 수도 있다. 그러나 이 책에서 주목할 것은 서양 미술사를 정확히 읽어 내는 일이 아니라 고정관념을 부수는 일이다.

V&A 뮤지엄은 복제품을 보란 듯 당당하게 전시한다. 존 손 박물관의 주인 존 손은 미술을 너무나 사랑한 나머지 자신의 저택을 박물관으로 개조해버렸다. 염색 공장의 후계자인 코톨드는 프랑스 인상주의를 처음 영국에 소개한 것도 모자라 시대의 반발을 무릅쓰고 미술 교육 기관을 설립했다. 21세기의 살아 있는 거장들은 영국이란 무대 안에서 본인의 작품을 불태우거나, 파쇄하면서, 자신의 가치를 또 한 번 상승시켰다.

또한 영국은 문화적으로 뒤처져 있다는 콤플렉스를 극복하기 위해 200년이 넘는 세월 동안 박물관과 미술관의 문을 무료로 대중에게 활짝 열어두었다. 말도 안 되는 시스템이지만, 아무도 하지 않는 시도를 했다. 그 결과 20세기 말과 21세기 현대 미술을 이끄는 많은 예술가가 영국에서 배출되었다. 포인트는 바로 생각의 전환이다.

인류 최초의 수식어를 가장 많이 달고 있는 나라, 청개구리들이 모여 사는 영국을 좀 더 깊숙이 이해한다면 우리의 사고방식에도 변화가 오지 않을까. 그 변화가 남들과 다르게 산다는 것에 대한 자신감으로 연결되기를 바란다. 중요한 것은, 남들과 다른 삶을 살고 싶다면 다른 생각을 하고 다른 것을 해야 한다는 것이다.

여러분 앞에 양 갈래 길이 있다. 이쯤에서 다시 《가지 않은 길》의 이야기로 돌아가보려고 한다. 나름의 아름다움으로 가득한 두 개의 길을 마주한 화자는 마침내 아무도 걷지 않은 길을 선택했다. 아마 고생길이었을 테다. 하지만 그 길은 분명 고생스러움 이상의 의미를 가져다 주었을 것이다. 왜냐면.

오랜 세월이 지난 후 어디에선가
나는 한숨지으며 이야기할 것입니다.
숲속에 두 갈래 길이 있었고,
나는 사람들이 적게 간 길을 택했다고.
그리고 그것이 내 모든 것을 바꾸어 놓았다고.
- 《가지 않은 길》 중에서

무형의 가치를 창조해 내고 싶은 당신에게도 발자욱이 없는 길을 선택할 용기가 생기길 바라면서.

[목차]

1

V&A 뮤지엄

베낀 작품을 버젓이 전시하고도,
오리지널이 된 박물관

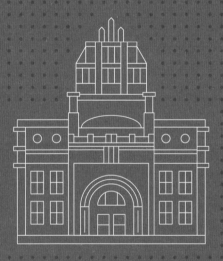

V&A

히드로 공항에서 런던 시내로 가기 위해 이동하는 차 안이었다. 눈앞으로 아름다운 고성과 붉은 벽돌 집이 스쳐 지나갔다. 어느 귀족의 사유지일까, 영국의 국회의사당이나 빅벤처럼 역사가 깃든 건물일까 궁금증을 안고 가던 길을 달렸다. 얼마 지나지 않아 나는 두 건물이 런던을 대표하는 자연사 박물관과 V&A 뮤지엄이라는 사실을 알았다. 런던을 방문하는 사람들은 히드로 공항에서 차를 타고 시내 중심부로 올 때 이 두 곳을 거의 대부분 지나게 된다. 자연사 박물관과 V&A는 런던의 첫인상을 담당하는 중요한 역할을 맡고 있는 셈이다.

런던에 오면 꼭 들러봐야 한다는 말을 수십 번도 넘게 들었던 탓에 자연사 박물관은 일찌감치 방문해보았지만, 웅장한 성처럼 보였던 V&A에는 좀처럼 발길이 닿지 않았다. 내가 해설하고 있는 미술관들이 주로 시내 중심에 위치해 있어 방문할 기회가 많지 않다는 것이 쉬운 핑계거리이

자 사실이었다. 그러던 어느 날, 켄싱턴 가든 주변을 산책하다 빅토리아 풍의 V&A에 큰 마음을 먹고 들어서게 되었다.

빅토리아 여왕과 그 남편 앨버트 공이 세운 박물관이라는 건 익히 알고 있었지만 내부를 찬찬히 관람한 건 그때가 처음이었다. 아름다운 미술품과 도자기, 공예, 패션 등 눈길을 사로잡는 다양한 작품을 살펴보던 중 그만 눈이 휘둥그레지고 말았다. 아니, 미켈란젤로의 다비드 상이 눈앞에 생생하게 전시되어 있는 것이 아닌가. 이탈리아 피렌체에 있어야 할 작품이 왜 여기, 런던의 한복판에 있는 걸까? 짧은 순간이지만 강렬한 호기심이 일어났다. 얼마 뒤 나는 유럽 각지에 있는 중요한 유물들이 이 박물관에 실제 사이즈로 전시되어 있다는 사실을 알았다. 그리고 이들 모두가 진품이 아니라 복사본이라는 사실을 알고 한 번 더 놀라고 말았다.

V&A의 정문에 들어서면 맨 먼저 세계적인 유리 공예가 데일 치훌리의 샹들리에가 관람객을 맞이한다. 샹들리에를 기준으로 오른쪽으로 방향을 틀면, 작은 공간이지만 한국관이 등장하고 바로 그 옆에 카스트 코트Cast Courts라는 전시실이 있다. 영어 단어 'Cast'는 쇠붙이를 녹여 거푸집에 부은 다음 굳혀서 만든 물건을 의미한다. 그러니까 카스트 코트는 진품이 아닌 복사품, 석고본들을 한데 모아둔 전시실인 것이다. 의아했다. 얼핏 상상만 해보아도 작품을 본뜨는 과정 자체가 무척 복잡할 것 같은데, 게다가 진품이 아닌 복사품은 그 가치를 인정받기도 쉽지 않을 텐데 어째서 V&A는 대형 전시실인 카스트 코트를 운영하고 있는 걸까? 나는 그 해답을 V&A의 역사에서 찾을 수 있었다.

학교 이름은 V&A, 필수 과목은 카스트 코트

시계를 거꾸로 돌려 18세기 영국으로 여행을 떠나보자. 당시 영국은 말 그대로 국제 사회의 주인공이었다. 하늘은 오

로지 새들의 영역이며 사람은 사슴이나 말보다 절대 빨리 달릴 수 없을 거라 여겼던 인식은, 영국이 인류에 선물한 제트 엔진과 기차의 발명으로 순식간에 바뀌었다. 산업 혁명 이후 세계 곳곳에 건설한 식민지, 그 식민지에서 생산된 물건들을 관리하기 위해 설립된 동인도 회사, 아편 전쟁의 승리로 얻은 홍콩까지. 영국의 상업적, 정치적, 군사적 위력은 기세등등했다.

하지만 그때까지도 영국이 승기를 잡지 못한 영역이 하나 있었다. 유럽 대륙에서 탄생한 문화가 섬나라 영국에 가장 늦게 전달되면서, 영국은 문화적 변방이라는 이미지를 지우지 못하고 있었다. 예술사에 큰 존재감을 드러내지 못하는 나라, 문화적으로 뒤처진 나라라는 오명은 영국에 따라붙은 그림자였다.

변화가 일어난 건 그 무렵이었다. 경제 성장이 폭발하자 자연스레 영국인들의 지적 호기심에 불이 피어올랐다. 그리고 본격적으로 문화적 변방이란 이미지를 바꾸기 위한 사회적인 노력들이 일어났다. 이런 노력은 계몽주의 사상과 맞물리며 영국에 많은 미술관과 박물관을 탄생시켰다. V&A 역시 그 일환으로 만들어졌지만, 조금 더 특별한 스토리를 갖고 있다.

1851년 5월 1일, 런던에서 세계 최초로 만국 박람회가 열렸다. 여러 나라가 참가해 각국의 공업품, 미술 공예품 등을 전시하는 행사였지만 실상은 서구 열강의 산업화된 기술력과 예술적 우위를 자랑하기 위한 무대였다. 산업화와 기계화의 중심을 달리고 있던 영국에게는 자국 생산품의 위세를 과시할 수 있는 절호의 기회였다. 영국 산업 미술 운동의 부흥을 일으켰던 헨리 콜이 기획을 맡아 뼈대를 완성하고, 교육과 문화에 조예가 깊었던 앨버트 공의 막대한 후원이 더해지면서 행사는 어마어마한 규모로 성장했다. 6개월간 600만 명의 관람객, 당시 영국 인구의 3분의 1이 런던을 방문했다.

이 산업화의 상징적인 행사에서 가장 충격적이었던 건 행사장의 규모였다. 수정궁이라는 이름의 회장에서 주 전시가 열렸는데 길이 563미터, 폭 124미터로 축구장 열여덟 개와 맞먹을 만큼 그 크기가 압도적이었다. 이뿐만이 아니었다. 수정궁의 위용을 처음 마주한 유럽인들은 입이 떡 벌어지고 말았다. 역사상 최초로 시도된, 철과 유리로 건립된 건물이었기 때문이다.

수정궁 이전까지 서양 건축의 패러다임은 돌과 나무였다. 우리가 유럽을 여행하면서 보는 대부분의 건축물이 돌

Source: 위키미디어

과 나무로 이루어져 있는 이유다.

그러나 19세기 영국 과학자들에 의해 철의 연성과 탄성, 강도 등이 연구되고 주철, 강철 등 철을 제련하는 기술이 발전하면서 철을 이용해 설계한 건물들이 점차 나타났다. 그 첫 주자가 된 것이 수정궁이었다. 철로 기본 골격을 세우고 유리로 마감을 한 덕에 건축 기간은 획기적으로 단축되었다. 분해와 조립, 재설치도 아주 용이해졌다. 근대 건축의 신호탄을 쏘아올린 수정궁을 기점으로 유럽에는 철과 유리로 된 건물들이 우후죽순 건축되기 시작했다. 유럽과 유럽을 잇는 기차역 또한 지금과 같은 모습을 갖추게 되었다. 철과 유리로 만들어진 건문과 기차역들은 19세기 근대 유럽의 시대상을 나타내는 징표라 해도 틀린 말이 아니다.

만국 박람회는 성황리에 종료되었다. 그러나 헨리 콜과 앨버트 공의 기획은 여기서 끝나지 않았다. 두 사람은 수정궁과 만국 박람회에서 선보인 생산품들처럼, 아니 그보다 더 획기적인 시대 유산을 남기기 위해서는 디자인의 기준을 높이고 시민 교육을 해야 한다는 생각에 동의했다. 두 사람의 의기투합은 디자인 학교 설립으로 이어졌다. 디자인 학교는 과학미술성이란 이름을 거쳐 1852년에 제조 물품 박물관Museum of Manufactures으로, 그로부터 5년 뒤 사우스 켄싱턴에 자리를 잡으며 사우스 켄싱턴 미술관으로 이름이 바뀌었다. 초대 관장은 헨리 콜이 맡았다. 그 후 사우스 켄싱턴 미술관은 1899년에 지금의 빅토리아 앤 앨버트 박물관V&A이 되었다.

V&A의 역사에는 이처럼 일반 대중의 지적 호기심을 풀어주고 국민을 교육시키기 위한 학교로서의 기능이 숨어 있다. 그렇기에 일반적인 박물관에서 볼 수 있는 그림이나 조각품만이 아니라 가구, 섬유, 패션, 도자기, 보석을 아우르는 다양한 전시품과 전시실을 만날 수 있다. V&A를 더욱 제대로 감상하고 싶다면 기존의 박물관을 관람할 때와

는 조금 다른 방식을 취하는 것이 좋다. 시대순으로 전시실을 훑으며 다른 사람의 뒤를 쫓는 게 아니라 관심사에 따라 선택적으로 관람하는 것을 추천한다. 마치 대학에서 수강 과목을 신청하는 것처럼 말이다. 이때 박물관을 방문한 여러분이 빼놓지 않고 꼭 신청해야 하는 필수 과목이 있다. V&A를 상징하는 전시관, 카스트 코트다.

매끄럽지 않은 다비드 상이 전시된 이유

왜 V&A는 복제품을 잔뜩 모아 놓고 보란 듯이 당당하게 전시하고 있을까? 이 의문을 풀기 위해 이번엔 17세기 말로 시간 여행을 떠나본다. 산업화의 기운이 꿈틀거리던 당시, 영국 귀족 자제들 사이에서는 그랜드 투어가 유행처럼 번지고 있었다. 견문을 넓힌다는 목적으로 프랑스, 이탈리아, 멀리는 그리스까지 방문하는 일종의 유학이었다. 여행을 떠나기 전 서양 철학과 역사, 예술, 건축 등을 폭넓게 공부한 학생들은 짧으면 1~2년, 길게는 10년까지 유럽 각지를 돌아다니며 경험을 쌓았다.

하지만 이 혜택을 누릴 수 있는 건 소수에 불과했다. 영국 정부는 물리적 혹은 경제적으로 타국에서 공부할 수 없는 젊은이들을 위해 유럽의 주요 유적지와 유품을 본떠오

David, 1501–4, Michelangelo Buonarroti

기로 결정한다. 그렇게 석고를 이용해 비석이나 승전비, 조각을 동일 사이즈로 본떠오는 작업이 시작되었다. 영국인 누구라도 바다 건너 대륙에 가지 않아도 유럽의 주요 작품들을 감상할 수 있는 기회가 생긴 것이다. 이 석고본의 향연이 V&A의 카스트 코트다.

카스트 코트에는 미켈란젤로의 다비드 상을 비롯해 카라얀 전승 기념비, 기베르티의 천국의 문 등 미술사적으로 중요한 가치를 지닌 예술품들이 '복제'되어 있다. 이 지점에서 읽을 수 있는 건 19세기 영국인들의 야망이다. 산업 혁명과 식민지 지배로 세계에서 가장 부유한 나라가 되었으나 문화적으로는 성숙하지 못한 나라. 이 문화적 콤플렉스가 카스트 코트를 만드는 데 한 몫 했음은 분명하다. 지금부터 카스트 코트의 첫 번째 대표작, 다비드 상을 알아보도록 하자.

미켈란젤로의 다비드 상은 다윗이 골리앗을 향해 돌팔매질하려는 순간을 포착한다. 적장 골리앗을 향한 작은 거인 다윗의 의지가 돋보인다. 단단한 두 다리와 굳건한 자세에서 안정감이, 팽팽한 근육과 핏줄에서는 젊은 육체의 힘이 느껴진다. 다비드 상은 르네상스 시대 유럽인들이 추구했던 균형과 조화, 통일과 비례를 미적으로 구현한 조각상이다. 동시에 세계를 현상계와 이데아로 나누었던 플라톤적 접근이 주입된 작품이기도 하다.

플라톤 철학을 공부한 미켈란젤로는 "나는 대리석 안에 있는 천사를 보았고, 그가 나올 때까지 깎아냈다."라는 말을 남긴 바 있다. 신은 이미 대리석 안에 본질적인 형태를 부여해 놓았고, 그 본질을 감싸고 있는 잉여 부분을 제거하는 것이 조각가의 임무이므로 자신은 신이 내린 소명을 다했을 뿐이라는 뜻이다. 이처럼 다비드 상에는 이데아 속의 완벽한 아름다움을 실물로 구현하고자 했던 르네상스인들의 욕망이 들어 있다.

16세기 초 다비드 상이 피렌체 공화국의 정부 청사였던 베키오 궁전 입구에 세워졌다. 피렌체는 당시 프랑스의 공격과 주변 도시 국가인 로마, 밀라노, 베네치아와의 외교 문제로 갈등을 겪고 있었다. 이렇게 어려운 상황 속에서 나라를 구한 애국 영웅 다윗은 피렌체 시민들에게 희망의 상징과도 같았고, 그런 다윗을 형상화한 다비드 상은 곧 피렌체 공화국의 자유와 독립, 민권을 의미했다.

하지만 시간이 흐르면서 날씨에 의한 풍화와 사람들이 자행하는 훼손에 노출되자 특단의 조치가 내려졌다. 피렌체가 속한 토스카나주의 대공 레오폴트 2세는 석고 제작자

클레멘테 파피에게 복제본을 주문했다. 1857년에 복제된 다비드 상은 베키오 궁전 앞에 다시 세워졌고, 원래 자리를 지키고 있던 원본은 피렌체의 아카데미아 미술관으로 가게 되었다.

파피는 뒤이어 또 다른 다비드 상을 복제하게 되는데, 사연은 이렇다. 영국 빅토리아 여왕이 피렌체에 있는 도메니코 기를란다이오의 그림을 구입해 런던의 국립 미술관에 전시하려 했으나 레오폴트 2세의 불허로 계획이 틀어지게 된다. 레오폴트 2세는 여왕에게 사과와 존중을 표하기 위해 다비드 상의 복제품을 하나 더 제작하기로 한다. 파피는 5미터에 달하는 이 거대한 조각상을 본뜨기 위해 조그만 거푸집 1,500개를 사용했다. 이렇게 복제된 다비드 상의 거푸집들은 조각조각 배에 실려 영국으로 보내졌다. 복제할 때 들어간 제작 비용보다 이탈리아에서 영국까지 조각품을 실어 보내는 운송비가 더 들었다고 하니, 배보다 배꼽이 더 큰 선물이었던 셈이다. 우여곡절 끝에 영국에 도착한 조각들은 하나하나 맞춰져 지금의 카스트 코트에 있는 다비드 상이 되었다. 그래서인지 V&A의 다비드 상을 자세히 보면 거푸집 연결 부분이 매끄럽지 않다는 것을 눈치챌 수 있다.

다비드 상은 본래 빅토리아 여왕에게 보내는 선물이었

으나 여왕의 기부로 V&A에 뿌리를 내렸다. 여왕의 마음에 들지 않아서였는지, 큰 조각상을 보관할 장소가 마땅치 않아서였는지, 혹은 사람들에게 이 훌륭한 이탈리아 르네상스의 걸작을 하루라도 빨리 소개하고 싶은 마음에서였는지는 알 수 없다. 하지만 V&A에 자리를 잡고 대중에게 공개되었을 때 일으킨 충격과 찬사는 기대 이상이었다. 다비드상은 150년이 지난 지금까지 런던 시민과 관람객들에게 넘치는 사랑을 받으며 영국 현대 조각가들에게도 커다란 영감의 원천이 되고 있다.

반으로 잘라 교육적 가치가 솟아난 기둥

카스트 코트가 자랑하는 또 다른 작품은 전쟁 승전비, 트라야누스다. 로마의 황제 트라야누스가 지금의 루마니아인 다키아 지역을 점령하고 자신의 업적과 노고를 치하하기 위해 로마에 원형 기둥을 세웠는데, 이를 복제한 작품이 카스트 코트에 전시되어 있다. 대리석 기둥 20개를 이어 붙인 기둥의 높이는 무려 35미터, 지름은 3.7미터에 달한다. 여러 개의 대리석 조각을 이어 붙였음에도 절단면이 완벽해 겉으로는 하나의 높다란 통처럼 보인다. 지진이나 날씨의 영향에도 아직까지 초기의 모습을 잘 유지하고 있다.

1900년 전의 조형물이라 하기에는 그 규모도 설계 방식도 놀라울 따름이다.

　표면에는 190미터에 달하는 프리즈^{부조물 장식}가 나선형으로 돌아가며 기둥을 감싸고 있다. 프리즈에는 2,662명의 사람이 155개 장면에 나뉘어 나온다. 황제 자신은 58번이나 등장하고 루마니아의 왕, 선원, 성직자 등 다양한 직업의 사람들도 등장해 당시 로마의 생활상을 보여 준다. 하지만 전반적으로는 트라야누스 황제가 다키아를 상대로 벌인 두 번의 승리를 묘사하고 있다. 로마 군인들과 황제가 다뉴브 강을 건너가는 모습, 전쟁에서 승리하는 모습, 다치 왕의 죽음 등 전쟁 장면보다 승리 후 의식을 거행하는 모습이 대부분이다. 전쟁의 참혹함보다는 그로 인해 훨씬 더 풍요로운 세상이 열렸다는 것을 강조하고 싶은 정복자의 관점이 드러난다.

　로마 한복판에 우뚝 서 있는 이 기념비의 복제본은 왜, 어째서 런던으로 오게 되었을까? 이야기는 1861년 프랑스로 거슬러 올라간다. 프랑스 황제였던 나폴레옹 3세는 심한 언론 통제와 독재 정치로 부정적인 민심을 사고 있었다. 여론은 좋지 않았지만 그는 자신의 업적이 후대에는 인정받게 될 것이라 확신하며, 오히려 이 자신감을 더 극단적으

로 표출하기 위해 로마의 트라야누스 승전비를 복사해 파리의 루브르에 설치했다.[1] 그로부터 3년 뒤, 카스트 코트를 채울 조형물이 필요했던 빅토리아 여왕은 나폴레옹 3세와의 친분을 이용해 이 복사본의 내용을 또 한 번 복제할 것을 주문한다. 그 결과가 지금 V&A에서 볼 수 있는 트라야누스 승전비다.

카스트 코트는 트라야누스 승전비의 높은 기둥을 전시하기 위해 천장을 높이는 공사를 감행했다. 하지만 결국 기둥을 두 부분으로 나눠야 한다는 결론을 내리고, 전시실에 2층 난간을 만들어 사람들이 기둥의 상단부까지 볼 수 있도록 했다. 로마의 트라야누스 승전비는 더 이상 내부를 공개하지 않지만 V&A는 기둥 안에 나선형 계단을 만들어 내부를 공개하고 있다.

V&A의 독특한 점은 전시물을 통해 박물관의 위엄을 뽐내거나 과시하는 게 아니라, 누구든지 예술을 감상하고 각각의 특징과 제작 과정을 알아갈 수 있도록 돕는다는 데 있다. 교육을 통한 국민 계몽이라는 목표가 여전히 영국의 의식 속에 깊이 뿌리박혀 있기 때문이다. 시간과 장소를 초

---

1   현재 나폴레옹 3세가 카피해 만든 트리야누스 승전비는 파리의 외곽 생제르맹 앙레 성에 부분적으로 남아있다.

원해 한자리에 모인 전 세계의 명작을 카스트 코트에서 효율적으로 둘러보는 건 어떨까?

원본에 숨결을 불어넣는 원본의 원본

르네상스의 아이콘 라파엘로 산치오의 작품도 V&A를 수놓은 별 중의 하나다. 라파엘로는 37년이라는 짧은 생을 사는 동안 바티칸에서 두 명의 교황을 모셨다. 율리우스 2세와 레오 10세가 그들이다. 먼저 1509년부터 1520년까지는 율리우스 2세의 요청으로 바티칸의 서재와 접견실, 식당 등으로 쓰였던 서명의 방, 엘리오도로의 방, 보르고 화재의 방, 콘스탄티누스의 방 등을 벽화로 장식했다. 벽화 '아테네 학당'으로 유명한 서명의 방 작업을 막 끝냈을 무렵, 새롭게 교황이 된 레오 10세가 라파엘로에게 시스틴 채플에 장식할 태피스트리 밑그림을 의뢰했다.

태피스트리는 벽에 거는 양탄자라고 쉽게 이해하면 된다. 예전부터 유럽의 왕가와 성직자, 귀족들은 원하는 주제로 태피스트리를 만들어 성과 교회, 저택 벽에 걸어 놓았다. 태피스트리는 제작 과정이 복잡하고 정교해 사치품에 해당할 정도로 가격이 높았고, 그래서 르네상스 군주와 귀족에게는 사회적 부와 지위를 내세우는 수단으로 쓰였다.

또 태피스트리를 거는 벽면 대부분이 돌로 만들어진 건물이다 보니 겨울에는 한기를 막을 수 있어 실용도도 높았다.

태피스트리 제작은 캔버스에 그리는 유화와는 사뭇 다른 과정을 거쳐 완성된다. 먼저 화가는 작은 종이에 묘사할 장면을 스케치한다. 그 후 수십 장의 종이를 접착해 큰 종이를 만들고, 그 위에 원본의 스케치를 큰 스케일로 다시 옮겨 그린다. 이렇게 태피스트리의 밑그림을 그리는 작업을 카툰Cartoon이라고 한다. 채색까지 마무리하고 나면 화가는 이 카툰을 직공에게 보낸다. 직공은 카툰 아래에 종이를 대고 카툰에 묘사된 그림 선을 따라 핀으로 구멍을 뚫는다. 그러면 아래의 빈 종이에는 점선으로 이루어진 원본의 이미지가 남는다. 작업자는 이 점선으로 이루어진 이미지 위에 직공판을 댄 다음 한 땀 한 땀 베틀을 이용해 직물을 짜낸다.

이렇게 복잡한 절차를 거쳐 완성되다 보니 태피스트리는 원본과 좌우가 바뀌고, 작업 시간 또한 오래 걸리는 경우가 많았다. 라파엘로는 제작 과정에서 벌어지는 오류를 최대한 줄이기 위해 조수들을 작업에 동원했다. 라파엘로 본인이 직접 붓을 쥐고 얼마나 그림에 참여했는지는 논쟁이 있지만, 그가 전체 구성과 실행을 책임졌고 조수들의 합동으로 조화롭게 카툰을 완성시켰다는 사실에는 변함이 없다. V&A는 손상되기 쉬운 카툰의 원본을 보다 생생하게 보존하기 위해 카스트 코트와는 다른 별도의 전시관에서 라파엘로 카툰을 공개하고 있다.

16세기 교황과 예술가의 관계는 단순한 후원자와 예술가, 그 이상을 의미했다. 교황은 자신이 추구하는 종교적 방향과 정통성을 과시하고 본인의 업적을 치하하기 위해 예술가와 결탁을 감행했다. 이는 레오 10세가 라파엘로에게 주문한 태피스트리의 내용에서도 확인할 수 있다. 레오 10세는 베드로와 바울의 주요 일대기 열 점을 요청했는데, 기독교사에서 중요한 위치를 차지하는 두 성인을 통해 기독교의 신성함과 위엄을 나타내기 위해서였다. 성경에 묘사된 이들의 발자취를 가볍게 훑어보자.

예수가 죽은 지 사흘만에 부활했을 때 제자들은 예수의 전언을 따라 흩어져 복음을 전파했다. 이때 처음으로 발길을 뗀 사람이 베드로였다. 로마 제국의 심장인 로마로 향한 베드로는 1대 교황을 역임하며 복음을 전파하다 순교했다. 바울은 로마의 시민권자였기에, 소외되고 가난한 예수의 열두 제자와는 근본적으로 사회적 위치가 달랐다. 본래는 사울이란 이름으로 기독교인들을 탄압하는 인물이었지만, 어느 날 다마스쿠스 하늘에서 쏟아지는 빛을 보고 신의 음성을 듣는 기적을 경험한 뒤로 예수를 따르게 된다. 바울은 예수의 복음을 전파하기 위해 로마로 가던 중 그리스를 경유했고, 아테네에 유럽 최초로 복음을 전파했다. 다신 사회였던 그리스는 예수에 대한 저항이 적었고, 그의 설교를 경청하며 새로운 믿음에 눈을 떴다. 베드로와 바울은 누구보다 빠르게 예수의 복음을 전파하기 위해 타지로 향했고 기독교 사회에 큰 족적을 남겼다는 공통점이 있다.

바티칸 궁전에는 라파엘로가 그린 열 개의 태피스트리가 모두 도착했지만, 원본 카툰의 경우 현재 일곱 점만이 남아 V&A에 전시되어 있다. 사실 시스틴 채플에 태피스트리가 전시된 후 약 100년 동안 라파엘로 카툰의 행방은 묘연했다. 많은 이들이 유실된 것으로 결론을 내렸는데 1623년 일부가 이탈리아에서 발견되었다. 영국 왕자였던 찰스[나중에 찰스 1세로 즉위했다]는 직접 태피스트리를 제작하기 위해 이 카툰들을 구입하고 영국으로 이송해 왔다. 이렇게 왕실 소장품이었던 카툰은 빅토리아 여왕이 1865년 V&A에 기증하면서 박물관에 안착했다.

되찾은 카툰은 총 일곱 점이다. 네 점의 베드로 이야기에는 ①물고기 떼의 기적 ②예수의 베드로 지목 ③절름발

The Miraculous Draught of Fishes, 1515–6, Raffaello Sanzio

The Miraculous Draught of Fishes, 1515–6, Raffaello Sanzio

이의 치유 ④아나니아의 죽음이 묘사되어 있다. 세 점의 바울 그림에는 ⑤총독의 회개 ⑥리스트라에서의 희생 ⑦아테네에서 설교하는 바울이 그려져 있다. V&A는 '물고기 떼의 기적'을 바탕으로 1640년대 영국에서 만들어진 태피스트리를 해당 카툰과 마주보게 전시해 놓았다. 원본의 카툰이 태피스트리로 완성되었을 때 느낌은 어떤지, 그 과정에서 좌우가 어떻게 바뀌는지를 이해할 수 있다.

V&A는 라파엘로가 전성기에 작업한 이 거대한 카툰 일곱 점을 만날 수 있는 기회를 제공한다. 또한 전시실 내부의 다양한 인쇄물을 통해 라파엘로가 기획한 카툰과 태피스트리가 완성되기까지의 과정을 친절히 이해시켜 준다. 작품의 전시도 중요하지만 그 제작 과정의 이해를 돕기 위해 많은 노력을 기울이는 뮤지엄이라는 것을 다시 한 번 체감하게 된다.

유럽을 다니다 보면 태피스트리와 청동상을 많이 보게 된다. 개인적으로는 그 세밀한 제작 과정을 V&A를 통해 어렵지 않게 이해할 수 있었다. 얼마든지 관심 있는 분야를 손쉽게 탐구할 수 있는 시대지만 작품을 실제로 대하며 공부하는 것은 또 다른 깊이와 울림을 주는 일이다. 원본의 영혼이 남아 있는 복제품, 그에 대한 궁금증을 해결해 주는

St Paul Preaching in Athens, 1515–6, Raffaello Sanzio

시도가 V&A가 가진 진정한 매력이 아닐까 생각한다.

켄싱턴, 뮤지엄 칼리지의 집합소

영국은 만국 박람회에서 얻은 수익으로 세계 각지의 예술품을 들여오고, 또 박물관을 세우며 19세기부터 본격적으로 문화 예술을 육성해 왔다. 그 일환으로 탄생한 V&A가 영국 국민의 미술 교육을 담당했다면, 켄싱턴 지역에는 과학과 음악 분야에서도 학교 역할을 수행하는 박물관들이 있다.

엑시비션 로드$^{Exhibition Road}$를 중심으로 V&A의 반대편을 바라보면 자연사 박물관과 과학 박물관이 나란히 있다. 두 곳은 산업 혁명의 백과사전이라고 해도 과언이 아니다. 도보의 활용부터 마차, 증기 엔진과 제트 엔진의 발명, 그리고 이 제트 엔진이 어떻게 어마어마한 중력을 거스르고 대기권 밖으로 솟아오르는 로켓으로 발전할 수 있었는지를 생생히 알려 주기 때문이다. 인류의 시작과 미래 산업의 가능성을 모두 확인해볼 수 있는 곳이다.

과학 박물관에서 나와 영국의 MIT로 불리는 명문 대학 임페리얼 칼리지 런던을 끼고 왼쪽으로 돌면, 왕실이 후원하는 왕립 음악 학교가 나온다. 왕립 음악 학교의 맞은편에는 빅토리아 여왕이 남편 앨버트 공을 기리기 위해 건립한 로열 앨버트 홀이 있다. 로열 앨버트 홀은 엄밀히 말하면 박물관은 아니다. 하지만 영국 대중문화와 클래식 음악의 성전이라고 할 수 있을 만큼, 영국 국민의 음악 수준 향상에 큰 기여를 하고 있다. 100년이 넘는 시간 동안 매년 여름 클래식 공연 BBC 프롬스^{BBC Proms}를 개최하고 있기 때문이다.

일반적으로 오케스트라는 여름에 공연을 하지 않는다. 영국은 그 틈을 타 전 세계의 유명 연주자를 로열 앨버트 홀로 초청한다. 그리고 세 달 동안 어디서도 볼 수 없는 성대한 클래식 축제를 벌인다. 더욱이 특별한 점은 500석을 입석으로 판매하는데 공연비가 단 돈 5파운드^{약 7,500원} 정도에 불과하다는 것이다. 덕분에 음악을 즐기고 싶은 사람이라면 누구나 저렴한 가격에 세계 최고 수준의 연주를 관람할 수 있다.

두 시간의 공연이 끝나면 다양한 기념품을 판매하는데 그중 가장 놀라운 건 지휘자용 총보, 그러니까 합주에 사용된 모든 악기의 악보가 그려진 모음 악보다. 아이부터 노인까지, 일반인부터 음악 전문가까지 '예술은 모두에게 열려 있어야 한다'는 영국의 예술에 대한 지향점을 강력히 느낄 수 있는 부분이다.

런던의 켄싱턴은 문화 선진국이 되기 위한 영국의 피, 땀, 눈물이 녹아 있는 지역이다. V&A에서는 미술을, 자연사 박물관과 과학 박물관에서는 근현대 문명과 과학의 발전사를, 로열 앨버트 홀에서는 모두를 위한 음악을 경험할 수 있다. 이 모든 것이 무료로 운영되거나 아주 적은 금액만을 요구한다. 문화적 변방이란 이미지에서 탈피하기 위해, 200년이 채 안 되는 시간 동안 영국이 얼마나 많은 투자와 시도를 반복해 왔는지를 느낄 수 있다.

로열 앨버트 홀 건너편에는 하이드 공원과 켄싱턴 가든이 붙어 있다. 이 켄싱턴 가든에는 금박으로 장식된 앨버트 기념비가 있다. 여름날 성대하게 펼쳐지는 프롬스의 음악 소리가 들려올 때면, 나는 석상 속에 깃든 앨버트 공의 표정을 상상해 본다. 흐뭇한 미소로 그 역시 음악을 즐기고 있지 않을까 하는 생각과 함께.

2
국립미술관
런던 한복판에 공짜로 펼쳐진
서양 미술 교과서

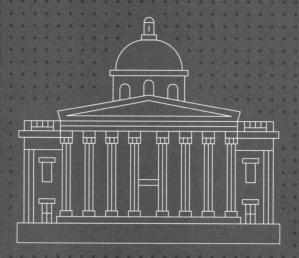

입김이 하얗게 퍼지는 어느 겨울날 런던에 첫발을 내딛었다. 개트윅 공항에서 기차를 타고 빅토리아역에 도착하자 이른 아침의 차갑고 신선한 공기가 코끝을 스쳤다. 지금은 모두 없어졌지만, 거리의 레코드 숍에서 흘러나오는 팝 음악이 묘한 안정감을 주었다.

빅토리아역에서 지도를 보고 공원을 가로지르는데 근위병들이 군악대의 음악에 맞춰 지나갔다. 당시에는 그게 근위병 교대식인지도 모르고 넋을 놓고 바라만 보았다. 그만큼 나는 런던에 무지했고 미술에 대해서라곤 눈곱만큼의 지식도 없었다. 그랬던 내가 미술에 마음을 사로잡히게 된 건 우연한 계기로 국립 미술관을 만나고 난 뒤부터다.

트라팔가 광장에서 발을 동동 구르고 있을 때였다. 화장실이 너무나 가고 싶은데 근처 어디를 둘러봐도 마땅한 곳이 없었다. 그때 광장 건물에 내걸린 현수막이 눈에 들어왔다. '입장료 무료'라는 문구가 나를 보고 손짓하는 것 같

았다. 어떤 건물이고 뭐하는 곳인지, 저 현수막이 눈속임은 아닐지 생각할 겨를도 없이 무작정 뛰어들어갔다. 화장실을 쓰고 난 후에야 그곳이 영국의 국립 미술관이라는 사실을 알았다.

　당시 20분 정도 전시실을 둘러보다 나왔던 것 같다. 추운 계절이었던지라 실내가 따뜻하다는 것, 군데군데 놓인 의자 덕분에 앉아 쉴 수 있어 편하다는 생각 외에 별다른 감상을 느끼지는 못했다. 하지만 그날 후로 국립 미술관은 내 기억에 따뜻하고 편안한 쉼터로 자리 잡았다. 나는 시간이 날 때마다 국립 미술관을 찾았다. 그런 날이 반복되자 어느샌가 작품 하나하나를 공부해보고 싶다는 생각이 자연스럽게 피어올랐다.

그렇다. 누구나 자신만의 목적을 갖고 방문하는 것. 이것이 국립 미술관의 취지이자 존재 이유다. 국립 미술관은 1824년에 문을 연 후로 쭉 무료 입장을 고수하고 있다. 어린이나 학생에 한해 무료가 아니다. 나이, 출신, 국적, 직업을 불문하고 1년 365일 중 360일 이상을 대중에게 열어두고 있다. 100명의 사람이 편하게 들어왔다가 그중 한두 명이라도 미술에 관심을 가진다면, 그걸로 이곳은 할 일을 다 한 것이다. 그 100명 중 한 사람이 지금의 내 모습이다.

국립 미술관 해설을 20년 가까이 해오면서 많은 생각이 들었다. 처음에는 막연히 무료라서 좋았는데 시간이 지남에 따라 '왜?'라는 의문이 생겼다. '왜 3,000여 점에 가까운 작품을 무료로 공개할까? 그것도 모자라 다양한 교육 프로그램을 진행하고 누구나 접근할 수 있도록 문턱을 낮추는 걸까?' 나와 같은 미술 문외한에게 미술에 대한 열정을 불러일으킨 곳, 이를 넘어서 영향력 있는 영국의 저명한 예술가들을 키워 낸 곳, 국립 미술관을 더 알고 싶어졌다.

미술은 특별한 사람을 위한 게 아니다

산업화의 후광은 19세기에도 계속되었다. 눈부신 산업 발전, 식민지에서 들어온 금과 은, 식민지에서 수입한 값싼 원자재로 공산품을 만든 뒤 이를 되팔아 먹는 사업으로 런던 거리에는 매일같이 신흥 부자들이 쏟아졌다. 부자들의 수만큼 이들이 수집한 미술품의 숫자도 늘어나는 시대였다.

1824년, 영국 의회는 은행가 존 줄리어스 앵거스틴에게 5만 7,000파운드를 지불하기로 결정한다. 앵거스틴이 소유한 38점의 회화를 사들여 시민들에게 공개하기 위해서였다. 매입이 이뤄진 후 그림들은 한동안 폴 몰 100번지에 있는 앵거스틴의 저택에 전시되었다.

1831년, 드디어 트라팔가 광장에 미술관 설립이 승인되었다. 여러 장소가 후보에 올랐지만 최종적으로 트라팔가 광장이 선정된 데는 런던의 중앙에 위치한다는 이점이 크게 작용했다. 트라팔가 광장은 런던 서쪽에 거주하는 부유층과 동쪽의 빈민층을 모두 아우르는 런던의 중심이었다. 부자들은 고급 마차를 타고 접근할 수 있었고, 동쪽의 빈민들은 걸어서 도착할 수 있었다. 영국 의회와 귀족, 신흥 부르주아들은 어떤 방법을 동원해서라도 영국을 문화와 예술의 선도국으로 만들고 싶었는데, 트라팔가 광장은 그 꿈을 이루기에 안성맞춤이었다.

그로부터 7년 후 국립 미술관이 정식으로 문을 열었다. 미술관은 처음 폴 몰 100번지에서 전시를 시작했을 때와 마찬가지로 무료 입장 정책을 유지했다. 이유는 간단했다. 국민 계몽과 교육을 위해서였다. 영국 의회와 부르주아들은 예술가와 예술 애호가를 양성하는 것만으로는 문화 시장을 넓힐 수 없다는 것에 뜻을 같이 했다. 대중의 관심과 참여가 있어야만 문화 예술이 질적, 양적으로 성장할 수 있다고 믿었다. 특히 어린이에게 굉장히 제한적인 입장 정책을 펼쳤던 다른 미술관과는 달리, 국립 미술관은 아이들에게도 문을 활짝 열어 놓았다.

그렇게 시간이 흘러 20세기가 왔다. 20세기는 시련의 시기였다. 세계 대전이 터지고 영국은 독일군의 폭격을 직격탄으로 맞았다. 런던의 수많은 건물이 무너져 내렸다. 국립 미술관도 아홉 차례나 공습을 받고 건물 일부가 파손되는 아픔을 겪었지만, 이를 이겨내야 했던 건 미술관의 운명이자 20세기의 시대성이었다. 국립 미술관의 관계자들은 문을 임시 폐쇄하고, 웨일즈 북부의 광산을 비롯해 각지의 시골로 작품을 대피시켰다. 작품들이 떠난 후 텅 비어버린 미술관을 채운 건 예술가들이었다. 그들은 전쟁으로 고통

받는 시민들을 위로하기 위해 매일 점심, 미술관 한가운데로 나와 무료 연주회를 열었다.

연주회가 인기를 얻자 관장은 젊은 예술가들을 선정해 그들의 작품을 전시하기로 했다. 그렇게 전쟁으로 대피시켰던 작품들이 한 달에 한 점씩 국립 미술관에 들어오기 시작했다. 고작 한 점의 그림이었지만, 불안과 공포에 지쳐 있던 시민들에게는 보이지 않는 곳에서 희망이 싹트고 있다는 신호와 같았다. 작품은 관리를 위해 공습이 일어나는 저녁에는 지하 벙커에 숨겨졌고, 낮이 되면 지상으로 끌어올려졌다. 이 모든 게 '모두를 위한 예술'이라는 국립 미술관의 정체성을 한번 더 각인시키는 계기가 되었다.

국립 미술관은 지금도 연주회를 진행하고 있다. 일주일에 한 번, 오후 9시까지 입장이 연장되는 야간 개장 날에는 오후 7시쯤 전시실 한 곳에서 연주자가 나와 라이브 연주를 시작한다. 우리가 평소에 보기 어려운 그림 속 고전 악기로 연주하는 경우가 많아 관람객은 그림에서만 보던 악기의 실제 모습을 확인하고, 그 소리를 직접 들을 수 있다.

만약 오전에 국립 미술관을 찾는다면 관람이 쉽지 않을 수 있다. 영국의 각 학교에서 나온 현장 학습 때문이다. 영국에서는 학교 선생님이 아이들을 인솔해 미술관에 오는 일이 교육 과정 중의 하나다. 학생들이 오면 미술관 소속의 해설사들이 나와 해설을 진행한다. 주말에는 가족 방문객을 위한 다양한 행사가 열리는데, 매직 카펫 스토리텔링 Magic Carpet Storytelling도 그중 하나다. 토요일 오전이 되면 미술관 소속의 전문 직원이 양탄자를 들고 다니면서 설명할 그림 앞에 양탄자를 펼치고, 아이들을 그 위로 초대한다. 아이들이 올라와 앉으면 눈높이에 맞춰 그림의 시대적, 종교적 설명을 해준다. 이뿐만이 아니다. 매일 두 번씩 50분 남짓 일반 관람객을 위한 해설도 진행된다. 나 역시 이 해설을 들으며 그림을 이해하는 안목을 키울 수 있었다.

이렇게 시민 교육을 위한 국립 미술관의 다양한 정책 가운데서도, 유독 특별한 점이 있다. 누구라도 자신의 생각을 자유롭게 이야기하며 해설을 할 수 있다는 점이다. 일반적으로 유럽의 미술관들은 해설을 위해 갖춰야 할 자격증이 많다. 하지만 국립 미술관에는 그런 제약이 전혀 없다. 예술에 대한 개인의 견해를 사람들에게 전달할 자유가 보장되어 있는 곳, 바로 국립 미술관이다.

고흐의 영감을 키워 낸 국립 미술관

서양 미술사에서 한국인에게, 전 세계인에게 가장 익숙한 화가를 꼽으라면 빈센트 반 고흐를 빼놓을 수 없을 것이다. 국립 미술관은 반 고흐와 떼려야 뗄 수 없는 관계를 맺고 있다. 16세가 되던 해, 고흐는 학교를 자퇴하고 집으로 돌아왔다. 고흐의 집안은 구필화랑이라는 아방가르드 성향의 갤러리를 유럽에서 지역별로 운영하고 있었는데, 고흐의 아버지는 다 큰 아들을 학교로 돌려보내는 대신 네덜란드 헤이그 지점의 구필화랑으로 보냈다. 헤이그 지점에서 그림을 판매하던 고흐는 1873년 20세에 런던으로 발령이 났다. 그렇게 런던에서 보낸 2년 여의 시간은 고흐의 인생을 완전히 뒤바꿔 놓았다.

산업 혁명으로 기차와 지하철 등 새로운 교통망이 형성되며 세계 최대의 도시로 변해가던 19세기 런던은 고흐에게 새로운 세상이었다. 그리고 또 하나, 일상에 스며들어 그의 예술성에 엄청난 영향을 준 공간이 국립 미술관이었다. 고흐가 근무했던 구필화랑은 코벤트 가든에 위치해 국립 미술관까지는 걸어서 10분밖에 걸리지 않았다. 고흐는 입장료가 없는 국립 미술관을 편하게 드나들곤 했다. 미술관에 전시된 대가들의 작품을 보면서 미술에 대한 애정을 키워 나갔고, 이는 몇년 뒤 스스로 화가가 되겠다고 결심할 때 큰 영향을 주었다.

The Potato Eaters, 1885, Vincent Van Gogh

런던에서의 아름다운 시간도 잠시, 시간이 흐르면서 고흐의 눈엔 다른 모습이 비쳤다. 런던의 부강함 뒤에 숨어있는 가난하고 소외된 자들의 침묵 같은 비명이었다. 구걸하는 사람들, 공장 노동자들의 열악한 환경, 배움을 잃어버린 아이들. 고흐는 특히 노동자들의 삶에 관심을 가지고, 그들의 고통스러운 일상을 적나라하게 표현한 판화를 수집해 나갔다.

후에 정식으로 화가가 되겠다고 마음먹은 뒤 고흐가 그린 '감자 먹는 사람들'이란 작품은 힘겨운 노동 끝에 감자 몇 알로 저녁 식사를 때우는 이들의 모습을 담고 있다. 이 그림은 구성적으로 국립 미술관에 걸려 있는 17세기 작 카라바지오의 '엠마오의 저녁 식사'와 닮아 있다. 고흐가 이 그림의 구성을 토대로 19세기 네덜란드 시골 농부들의 고단함과 노동의 신성함을 그려내려 했음을 알 수 있다.

런던에서 목격한 산업화의 이면과 일련의 개인사^{머물고 있던 하숙집 딸에게 사랑을 고백했으나 받아들여지지 않았다}로 무력감에 빠진 고흐는 점차 그림 판매상에도 흥미를 잃었다. 구필화랑에서는 상사와 마찰이 잦았고, 서툰 화술과 의견을 굽히지 않는 고집스런 성격 때문에 고객과의 협상도 매번 실패로 끝이 났다. 런던 지점에서 쫓겨난 그는 기숙 학교의 보조 교사로 전

The Supper at Emmaus, 1601, Michelangelo Caravaggio

직했지만 얼마 못 가 그 일도 그만두었다. 잠시 책에 빠져 서점에 취직하기도 했고, 교회에서 목회를 돕고 가끔 설교도 했으나 몇 해 뒤 결국 돌아온 곳은 고향인 네덜란드였다. 런던에 있는 동안 가난한 이들에게 봉사하는 삶을 살겠다고 결심했던 고흐는 네덜란드에서 목사라는 새로운 목표를 갖게 되었다. 그렇게 시골로 내려가서 병자와 부상자들을 돌보는 전도사 생활을 시작하였으나 사람들은 그를 괴짜라며 무시할 뿐이었다. 전도사의 삶마저도 허무하게 끝나고 말았다.

어느새 스물일곱이었다. 거듭된 실패와 정신적 혼란으로 삶은 피폐해졌지만, 고흐에게는 런던 생활 시절 가슴에 품었던 꿈 하나가 최후의 보루처럼 남아 있었다. 화가로서 반드시 성공하겠다는 각오였다. 고흐는 예술의 중심지 파리로 떠났다. 그러나 복잡한 도시 생활에 적응하지 못하고, 이내 남쪽의 아를로 향해 자신의 이상향을 실천하기 위한 작업에 착수했다. 아는 화가들에게 모조리 편지를 돌려 화가들의 공동체를 설립하려는 자신의 계획에 동참해달라고 부탁했다. 간절한 서신에 답변을 보낸 사람은 폴 고갱이 유일했다. 고갱과 고흐는 두 달 반 정도 공동체 생활을 유지했지만, 그림에 대한 관점과 성격 차이로 끊임없는 갈등을 빚었다. 두 사람의 관계는 고흐가 스스로 귀를 자름으로써 끝났고, 2년 후 고흐는 권총 자살로 생을 마감했다.

그의 파란만장한 인생에서 런던은 중요한 역할을 했다. 19세기 런던은 빈부 격차가 어느 도시보다 극명하고 처절하게 존재했던 곳이었다. 고흐는 부푼 마음을 안고 런던에 도착했지만, 길가에 버려진 사람들과 현실을 마주한 뒤로 세상을 보는 관점에 커다란 변화를 겪었다. 런던에서의 생활은 기쁨이자 활력이었으나 한편으로 그들을 위해 아무것도 내어줄 게 없다는 비탄과 무력감을 고흐 스스로에게 안겨 주었을 것이다. 그렇게 고흐는 노동의 신성함을 주로 그렸던 판화가 도레이의 작품을 수집하면서 화가로서의 길을 묵묵히 걸어나갔다.

울퉁불퉁하고 정돈되지 않은, 끊어질 듯 이어진 위태로운 길이었지만 자신만의 시선으로 그 위에 부드러운 자갈을 깔고 아름다운 색을 입히며 길을 만들어 나갔다. 고흐에게 국립 미술관은 예술가로서 나아가야 할 방향을 알려 준 길잡이와 같았다. 국립 미술관이라는 영양분을 만나지 않았더라면 고흐의 꽃은 지금처럼 활짝 피어나지 못했을지 모른다.

고흐는 생전 바그너와 같은 명성을 누리는 화가가 되고

싶다고 말했다. 그 소망을 이루지는 못했으나 런던에서 보낸 2년의 시간은, 고흐의 인생에서 매우 소중한 시간이 되었다. 그가 모두의 가슴속에 해바라기처럼 강렬한 화가로 기억되는 데 아주 중요한 시간 말이다.

상속자의 마음을 돌린 무료 입장 정책

고흐가 사망한 지 6개월 만에 동생 테오도 세상을 뜨자 고흐의 모든 작품은 테오의 아내, 요한나 반 고흐 본헤르에게 상속되었다. 요한나는 고흐의 작품을 세상에 알리기 위해 전시회를 개최하고 테오와 고흐의 편지를 출간하는 등 고흐가 사후 명성을 얻는 데 공헌했다. 고흐의 다른 작품들이 팔려나가고 흩어져도 요한나가 끝까지 소장하고 있던 작품이 있었는데, 우리에게 너무나도 익숙한 '해바라기'다.

'해바라기'는 고갱으로부터 아를로 오겠다는 회신을 받은 후, 고흐가 고갱와 함께 지낼 날을 고대하며 허름한 방을 꾸미기 위해 그렸던 그림이다. 고흐가 명성을 얻고 미술 시장에서 인정받기 시작했을 때 영국은 이 작품을 구입하기 위해 총력전을 펼쳤다. 1924년에 마침내 요한나는 마음을 돌려 국립 미술관에 이 그림을 판매했다. 완강하던 요한나의 마음을 움직인 건 다름 아닌 국립 미술관의 무료 입장

Sunflowers, 1888, Vincent van Gogh

정책이었다.

　'저의 아주버님인 고흐는 모두가 즐길 수 있는 예술을 지향했습니다. 고흐의 예술관과 가장 잘 어울리는 미술관이 바로 국립 미술관이라고 생각합니다. 그런 이유로 '해바라기'를 국립 미술관에 양도하기로 결정했습니다.'

　'그 어떤 그림도 귀하의 갤러리에서 '해바라기'보다 더 의미 있게 빈센트를 대표할 수 없다는 것을 잘 알고 있습니다. 해바라기의 화가로 불리는 빈센트도 이 작품이 그곳에 걸리기를 바랄 것입니다.'

　　　- 요한나와 국립 미술관 관장이 주고받은 편지에서

　요한나의 말처럼 고흐가 원했던 건 모두를 위한 예술, 모두를 위한 미술관이었다. 100년이 흐른 지금, 누군가는 런던의 미술관에 들어서서 조심스럽게 작품 앞을 서성이며 자신만의 소중한 꿈을 키워 나가고 있지 않을까. 꿈 많았던 스무 살의 고흐처럼 말이다. 호기심과 동경이 깃든 눈으로 대가들의 작품을 올려다보곤 했던 이 거대한 미술관에서, 자신의 그림이 가장 많은 사람의 발길을 붙잡는 명작이 되었음을 고흐는 알고 있을까. 트라팔가 광장의 국립 미술관을 지날 때면, 눈을 감고서야 비로소 편안해진 고흐의 얼굴이 보이는 듯하다.

정보와 위트를 모두 담은 공간 큐레이팅

국립 미술관의 전시 계획은 서양 미술사의 교과서 같다. 13세기부터 19세기까지 시대순으로 작품을 전시해 미술사의 흐름을 한눈에 효율적으로 파악할 수 있다. 국립 미술관은 여느 미술관과는 다르게 단층으로 구성되어 있다. 초기 르네상스 그림들이 모여 있는 세인즈버리 윙 전시관을 시작으로 천천히 둘러보다 보면 번잡하게 헤맬 일 없이 그림을 감상할 수 있다. 세네 시간 정도를 할애한다면 13세기부터 19세기까지 미술사를 확실하게 훑어볼 수 있는, 미술사의 정석 같은 곳이다.

그런데 이렇게 질서정연하고 일목요연하게 정리된 전시 외에 국립 미술관을 상징하는 또 하나가 있다. 바로 공간 큐레이팅이다. 사조별 및 지역별로 전시관을 꾸렸지만, 그 안에서도 큐레이터들이 심혈을 기울여 그림을 배치한 흔적이 역력하다. 가장 먼저 문을 열어 소개할 곳은 13세기부터 15세기 이탈리아의 지역적 특징을 잘 분리해 놓은 세인즈버리 윙이다. 국립 박물관을 처음 방문한다면 이 전시관부터 관람하는 것을 추천한다.

국립 미술관은 시에나에서 발전한 화려한 제단화, 베네치아의 풍부한 색감, 인문학적 소양을 보여 주는 피렌체의 회화 등 거리상으로는 가깝지만, 서로 다른 이탈리아 지역들의 특색을 시각적으로 파악할 수 있도록 작품을 배열했다. 건물을 설계할 때부터 높은 천장과 세로로 긴 창문을 의도했는데, 제단화가 설치된 교회의 모습을 재현하기 위해서라고 하니 국립 미술관의 세심한 공간 인테리어를 느낄 수 있다.

특히 세인즈버리 윙에는 19세기를 주름잡았던 빅토리아 여왕과 앨버트 공이 구입한 종교화들이 상당하다. 당시 런던에서는 르네상스 고전이나 프랑스 그림에 비해 이탈리아 제단화에 대한 관심이 크게 없었는데, 세인즈버리 윙이 완공되면서 앨버트 공이 구입해 보관 중이던 제단화 그림이 공개되자 폭발적인 반응이 있었다고 한다. 현재 이 제단화 그림들은 국립 미술관의 보물 역할을 하고 있다.

15세기 플랑드르 지역^{지금의 네덜란드, 벨기에}의 회화도 높은 수준의 컬렉션을 자랑한다. 플랑드르에서는 일찍이 성직자나 귀족이 아닌 상인들이 경제적 성공을 거두었다. 이들은 종

The Finding Moses, 1630, Orazio Gentileschi

교화보다 자신들의 삶이 녹아 있는 사실성 위주의 그림을 화가에게 주문했다. 세인즈버리 윙에는 이렇게 상인이 중심이 되어 발전했던 유화와, 일반인이 성모 마리아나 아기 예수와 함께 등장하는 대담한 종교화가 전통적인 종교화와 함께 배치되어 있다. 덕분에 플랑드르 지역에서 종교화가 어떻게 세속화되었는지 이해할 수 있다. 15세기 서양 미술의 주인공이었던 이탈리아와 플랑드르의 예술적 차이를 비교하면서 관람할 수 있도록 작품을 배치한 점도, 세인즈버리 윙에서 눈여겨볼 만한 중요한 큐레이팅이다.

두 번째로 둘러볼 곳은 17세기 바로크 회화의 기틀을 다진 카라바지오 전시관이다. 국립 미술관은 예수의 오른팔을 단축법을 사용해 완벽하게 묘사한 카라바지오의 '엠마오의 저녁 식사' 반대편으로, 단축법이 들어가 있지 않은 젠틸레스키의 '모세의 발견'을 마주보게 배치했다.

단축법이란 원근법의 일종이다. 평면인 캔버스와 사물을 수직으로 배치하면서 극단적인 깊이감을 묘사하는 기법을 뜻한다. 젠틸레스키 그림 속에 나오는 인물들의 팔은 45도, 10도, 5도의 각도로 뻗어 있다. 반면 카라바지오의 그림[52페이지 참고]은 단축법을 활용해 입체적인 인상을 주고, 그 덕에 그림 속 예수의 오른팔이 캔버스를 뚫고 나오는 듯 느

Rain, Steam and Speed—The Great Western Railway, 1844,
William Turner

꺼진다. 국립 미술관은 젠틸레스키 작품과 카라바지오의 작품을 의도적으로 마주보게 배치함으로써, 카라바지오의 단축법이 얼마나 드라마틱한지를 강조한다.

자, 이제 국립 미술관의 백미이자 영국의 자부심을 느낄 수 있는 18~19세기 영국 낭만주의 전시관으로 건너가보자. 낭만주의 양식의 특징은 자연의 아름다움과 목가적인 풍경이 주를 이룬다는 점이다. 이곳에는 영국이 자랑하는 낭만주의 화가 윌리엄 터너의 그림이 있다. 터너의 1844년 작 '비, 증기, 속도'는 인상주의라는 이름을 세상에 알린 클로드 모네가 영국에 왔을 때 큰 영감을 받은 작품으로도 유명하다.

사진으로 찍어내듯 반듯한 보통의 풍경화와 달리, '비, 증기, 속도'는 화가의 주관성이 가득한 그림이다. 기차가 철로 위를 지나가는데 그 모습이 선명하지 않고 흐릿하다. 짙은 노란색과 갈색, 검은색이 뒤섞여 있고 기체의 몸체는 뒤로 갈수록 희미해진다. 터너는 과학 발전의 집합체인 기차도 결국 자연의 위대함 앞에서는 한낱 지워지는 존재에 불과하다는 것을 표현하고 싶었던 것이다.

이런 터너의 그림 맞은편으로 보란 듯 걸려 있는 그림이 있다. 조셉 라이트의 '새를 대상으로 한 공기 펌프 실험'

An Experiment on a Bird in the Air Pump, 1768,
Joseph Wright of Derby

이다. 앵무새를 진공관 케이스에 넣고 실험하는 과학자, 걱정스러운 듯 표정을 살짝 찡그리거나 아예 고개를 돌린 소녀들, 호기심 어린 얼굴로 지켜보는 사람 등 과학 실험을 대하는 사람들의 다양한 반응이 담겨 있다.

라이트는 '산업 혁명의 정신을 표현한 최초의 전문 화가'라는 칭호를 얻을 만큼 과학에 우호적이었던 낭만주의 작가다. 18세기 낭만주의 전시실은 당시의 사회상을 반영해, 발전하는 과학을 숭배하는 작가와 그렇지 않은 터너의 작품을 함께 배치했다. 과학에 대한 영국 화단의 대립적인 분위기를 은유적으로 표현한 재치가 돋보인다.

국립 미술관은 약 3,000여 점의 작품을 시대순으로 나열하고, 이를 통해 미술 지식이 낮은 사람도 진입장벽 없이 미술사에 관심을 가질 수 있도록 돕고 있다. 덕분에 고흐는 물론, 우리는 국립 미술관에서 영감을 얻고 자란 내셔널 갤러리 키즈 데미안 허스트와 트레이시 에민 같은 시대의 거장들을 만날 수 있게 되었다. 그리고 여전히, 국립 미술관은 무료 입장 정책과 세심한 큐레이팅으로 미래의 내셔널 갤러리 키즈를 길러내고 있다.

3

코톨드 갤러리

가장 아름다운 시절의 프랑스를
런더너가 추억하는 방법

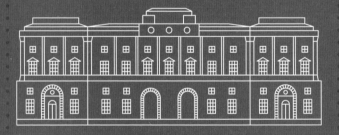

"20세기 사람이 21세기를 경험하는 것보다 18세기 사람이 19세기에 왔을 때 받을 충격이 훨씬 클 것이다."

미술사를 공부할 때 들었던 교수님의 말씀은 지금도 뇌리에 강력히 남아 있다. 그만큼 19세기는 인류사에 전례 없는 변화를 가져온 변혁의 시기다. 카메라, 전화기, 버스, 자동차, 기차, 비행기 등이 모두 이 시기에 발명되었다. 19세기 사람들은 21세기의 원형을 살고 있던 사람들이라고 해도 과언이 아니다.

　내가 미술사를 공부하면서 가장 흥미를 느꼈던 부분이 이 19세기의 프랑스 예술이다. 우리가 살고 있는 시대와 그리 멀지 않은, 사람들의 일상 속 모습을 사실적인 그림으로 나타낸 것이 19세기 프랑스의 인상주의이기 때문이다. 당시 프랑스는 영국과 마찬가지로 산업 혁명의 가속 페달을 밟고 있었다. 자연 과학의 발달로 실증적 정신이 넘쳤고 사람

Impression, Sunrise, 1872, Claude Monet

들의 미래관은 진보적이었다. 프랑스 대혁명과 함께 부상한 시민 계급은 이런 정신을 토대로, 신에 의지하거나 왕권에 절대적으로 복종했던 과거에서 벗어나 현실을 중시했다.

이는 예술계에 인상주의라는 이름으로 반영되었다. 인상주의는 그전까지 미술사를 지배해 온 각색된 역사화와는 달랐다. 일종의 '도촬'에 가까웠다. 술집에서 만난 사람들의 표정과 그들이 은밀하게 귓속말을 나누는 장면, 발레 공연을 보러 온 관객들이 입고 온 옷을 그대로 표현한 인상주의 작품엔 과장이 없었다.

인상주의는 19세기 파리 사람들의 삶을 여실히 비추었다. 단, 일상을, 주관적으로 말이다. 인상주의에서는 이 '주관성'이라는 것이 중요했다. 인상주의 화가들은 외부의 이미지를 사실적으로 그리면서도 그것에 주관적인 렌즈를 덧대었다. 태양 빛에 따라 서서히 그림자가 지고 고개가 기우는 풀잎처럼, 대상의 어느 한 순간을 포착해 자신이 보고 느끼는 대로 그림을 그렸다. 모네의 '인상, 해돋이'는 인상주의의 시초이자 대표격인 작품이다.

그래서일까, 나는 인상주의 그림을 보면 단순히 '예쁘다'는 감상을 넘어 날것 그대로의 프랑스 사회와 그림 속에 흐르는 미묘한 긴장감이 느껴진다. 우아한 옷차림, 아름다운 풍경 속에 겉으로 드러나지 않는 계급 간의 갈등과 오만 가지 인간의 감정이 보이는 것 같다. 여기에 더해 인상주의 그림에는 기존 화풍에서 벗어난 새로움, 동시대를 공유하는 것만 같은 친근감, 외부 세계를 재현하면서 동시에 일상을 고발하는 메시지가 공존한다. 이것이 내가 19세기 프랑스 예술을 매력적으로 바라보는 이유다.

19세기 후반에 접어들면서 프랑스에는 인상주의를 벗어난 화풍이 유행하기 시작한다. 시각적 사실성보다도 화가의 개성과 본질에 집중했던 후기 인상주의 사조가 도래한 것이다. 후기 인상주의 화가들은 인상주의가 강조했던 사실적인 구도, 원근, 명암 등의 공식에서 탈피해 강렬한 색채와 다양한 표현 기법을 사용했다. 다루는 주제 역시 종교, 일상, 개인의 철학 등을 폭넓게 아울렀다. 대표적인 화가가 고흐와 고갱, 폴 세잔이다.

런던에는 이 19세기 프랑스 인상주의와 후기 인상주의의 걸작을 소개하는 장소가 있다. 영국은 어떻게 프랑스에서 태동한 인상주의 작품을 보유한 것도 모자라 인상주의의 명소로 거듭나기까지 할 수 있었을까? 영국인으로서 처음 프랑스 인상주의에 관심을 가진 사람, 시대의 반발을 무릅쓰고 교육 기관을 설립해 수많은 미술학도를 길러내는

데 이바지한 사람, 새뮤얼 코톨드란 남자를 살펴볼 필요가 있다.

영국에 처음 인상주의를 소개한 남자

1876년, 새뮤얼 코톨드는 직물 사업을 운영하는 영국의 한 부유한 가정에서 태어났다. 젊은 시절의 그는 독일과 프랑스에서 섬유 기술을 공부하며 가업을 이을 준비를 하고 있었다. 그리고 마침내 레이온과 저렴한 가격의 실크를 개발해 막대한 부를 거머쥐었다. 그때까지만 해도 코톨드의 관심은 미술이 아닌 사업에 머물러 있었다. 하지만 40세를 넘어가면서 변화가 찾아왔다. 테이트 갤러리[2]에서 아일랜드 출신의 미술 수집가 휴 레인의 전시를 만난 뒤, 미술품에 눈을 뜨게 된 것이다.

휴 레인은 프랑스 인상주의 예술에서 중요하게 평가되는 수집가이자 거래상이다. 인상주의 대표 화가로 꼽히는 에두아르 마네, 에드가 드가, 오귀스트 르누아르에 관심이 많았고, 자신의 획기적인 비전을 바탕으로 흥미롭고 독특한 현대 미술 작품을 선보이는 일에도 열정적이었다. 휴 레

2   당시에는 테이트 모던과 테이트 브리튼이 구분되지 않아 테이트 갤러리란 이름으로 통칭되었다.

인은 1908년에 아일랜드 더블린에 세계 최초의 공공 현대 미술관을 개관했고, 그 업적을 인정받아 33세의 젊은 나이에 기사 작위를 받았다. 그의 안목과 행보는 코톨드에게 큰 자극이었다. 코톨드는 한 사교 모임에서 휴 레인을 직접 만나고, 그 만남을 계기로 본격적인 수집가의 길로 들어서게 된다.

코톨드는 천생 사업가였다. 부모로부터 물려받은 가업이 있었고 사업 수완도 좋았다. 하지만 그는 선천적으로 예술적 기질을 타고난 사람이었다. 어렸을 적 예술가를 후원하는 부모님 손에 이끌려 국립 미술관을 몇 차례 방문했지만, 딱딱하고 엄숙한 분위기의 미술관을 별로 좋아하지는 않았다. 대신에 그의 마음을 사로잡은 건 혼자서 시를 쓰고 그림을 그리는 시간이었다.

수집가가 된 뒤 코톨드는 혼자서 예술을 향유하던 어린 시절처럼, 자신만의 독특한 감별법을 활용해 작품을 구매해 나갔다. 다른 사람의 의견이나 인기에 구애받지 않고 자신과 그림의 교감을 중요시했다. 마음에 드는 작품을 발견하면 빌려와 거실에 걸어두고 수일, 수주 동안 감상하기도 했다. 마침내 자신의 직감과 그림이 들어맞는다는 판단이 들면 구입을 결정했다.

실제로 1926년부터 1930년까지 코톨드가 구입한 작품의 목록을 보면, 그가 얼마나 예술적 조예가 깊은 인물이었는지 가늠할 수 있다. 고흐의 '붕대를 감고 있는 자화상', 르누아르의 '관람석', 세잔의 '생 빅투아르 산', 마네의 '폴리베르제르의 술집'까지. 4년이란 짧은 기간에, 그것도 전문적으로 미술을 공부하지 않은 사람이 취향에 의존해 구매했다고 하기에는 믿을 수 없을 정도로 뛰어난 작품들이 그의 거실 벽을 장식했다.

코톨드는 작품을 수집하는 것만으론 성이 차지 않았다. 지인들과 손을 잡고 미술 연구소를 설립하기로 했다. 그러나 이 계획은 시작부터 삐걱거렸다. 지금이야 미술사를 대학에서 공부하는 것이 당연하지만, 20세기 초만 하더라도 미술품은 부자들의 전유물이라는 시각이 팽배했다. 영국 의회와 귀족들은 미술관 무료 입장 정책을 고수하면서도, 일반 시민들이 공식 기관에서 전문적인 미술 교육을 받는 것에는 상당히 보수적인 입장을 취했다. 이런 상황에서 코톨드는 영국 내 미술 교육 기관 및 연구소의 필요성에 공감한 리 자작, 로버트 위트 경과 함께 프로젝트를 시작했다.

리 자작은 전쟁에서 명성을 얻은 후 총리 데이빗 로이드 조지와 좋은 관계를 유지하며, 정치적 영향력을 확보하

고 있던 인물이다. 하지만 로이드 조지가 선거에 패하자 자신의 재력과 열정을 미술에 쏟아붓는데, 여기에 막대한 자본을 태운 사람이 새뮤얼 코톨드였다. 로버트 위트 경은 성공한 변호사이자 고전 드로잉 수집가였다. 지금처럼 이미지를 쉽게 구할 수 없던 시절에 미술 복제품을 여러 점 수집해 영국 미술사학자들을 양성하는 데 크게 기여했다.

세 사람은 각자 보유한 컬렉션을 기증하고 자신들의 재능과 지위, 부를 이용해 코톨드 미술 연구소를 성공적으로 설립했다. 코톨드 갤러리는 1932년에 코톨드 미술 연구소의 일부로 문을 열었다. 이 미술 연구소는 오늘날 미술 교

육 전문 학교인 코톨드 아트 인스티튜트 Courtauld Institute of Art
로 발전해, 영국에서 미술사 분야로는 최고의 지위를 자랑
하고 있다.

교육 기관을 설립한 뒤에도 인상주의에 대한 코톨드의
사랑은 계속되었다. 그는 사회적으로 계급이 높거나 정계에
서 활동하는 사람 중, 자신의 뜻에 동참하는 사람들로부터
기부를 유도해 인수 기금을 조성했다. 국립 미술관, 테이트
갤러리가 인상주의 작품을 구매하는 데에도 영향력을 발휘
했다. 국립 미술관의 인기작인 조르주 쇠라의 '아니에르의
목욕하는 사람들'은 코톨드의 설득으로 국립 미술관이 구

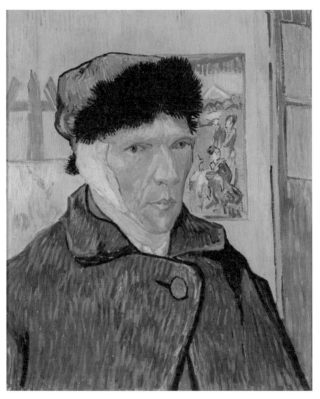

Self-Portrait with Bandaged Ear, 1889, Vincent van Gogh

입을 결정했을 만큼, 코톨드의 입김이 세게 작용한 작품이다. 유럽을 방문한 미국 사업가들이 평가 절하되었던 인상주의 그림에 관심을 갖고 좋은 가격에 사갈 수 있도록 징검다리 역할을 자처한 것도 코톨드였다.

19세기 인상주의는 정통 미술계에서 크게 인정받지는 못했던 예술 사조다. 기득권이 보기에는 너무 파격적이면서 거부감이 드는 도전적인 화풍이었고, 그래서 저속하게 여겨지기도 했다. 새뮤얼 코톨드는 주목받지 못했던 인상주의의 가치를 영국에서 가장 먼저 알아본 선구자였다. 동시에 우리가 런던에서 인상주의 작품을 마음껏 감상할 수 있도록 발판을 마련해 준 당사자였다. 그렇다면 이제부터 코톨드의 안목을 감상해보자.

프랑스 젊은 화가들을 사로잡은 자투리 그림

코톨드 갤러리는 중세부터 20세기까지 각 시대의 대표작을 소장하고 있다. 그 가운데서도 코톨드 갤러리의 꽃은 후기 인상주의 컬렉션이다. 고흐, 고흐와 애증의 관계에 놓였던 고갱의 걸작 다수가 전시되어 있기 때문이다. 고흐만큼 스펙터클한 드라마를 가진 화가가 또 있을까 싶을 만큼 그의 삶은 순탄하지 않았다. 아마도 그의 일생에서 복잡한 심경과 감정의 폭발이 극단적으로 드러난 사건은 고갱과의 디툼 중 스스로 귀를 자른 사건일 것이다. 귀를 자른 후 고흐는 붕대를 감은 자신의 모습을 자화상으로 남겼고, 이 그림이 코톨드 갤러리에 전시되어 있다.

자화상 속 고흐의 눈빛은 차고 쓸쓸하다. 헤아릴 수 없는 연민이 눈동자에 어른거리는 듯도 하다. 짙은 녹색 코트는 꽉 닫힌 고흐의 마음을 대변하는 것처럼 단단히 잠겨 있다. 털모자를 눌러 썼지만, 섬세한 붓질로 그려 낸 얼굴은 그 무엇으로도 보호받지 못한 채 홀로 남은 방 안의 무거운 공기를 대면하고 있다. 고흐의 처연한 눈빛과 외로움이 묻어나는 얼굴 못지않게 눈길을 사로잡는 것이 있다. 고흐의 얼굴 뒤로 등장하는 일본 풍의 우키요에 그림이다.

우키요에는 일본 에도시대 서민들 사이에서 유행했던 목판화다. 여인, 가부키 배우, 비 오는 날 우산을 쓰고 가는 모습, 파도치는 바다 등 세속적이고 일상적인 풍경이 주요 소재였다. 우키요에 한 장의 가격이 당시 우동 한 그릇 값과 비슷했다고 하니, 누구나 살 수 있는 대중적인 예술품이었던 셈이다. 고흐는 자화상 속 자신의 얼굴 옆으로 일본 게이샤들과 학이 등장하는 우키요에를 걸어 놓았다.

19세기 프랑스의 젊은 화가들은 우키요에라는 채색 목

판화에 열광하고 있었다. 당시 프랑스 예술은 아카데미[3]를 중심으로 발전하고 있었는데, 화가로 성공하기 위해선 이 아카데미에 들어가 기득권이 원했던 그림을 그려 살롱전에 입상하는 것이 일반적이었다.

그런데 19세기 말 파리에서 만국 박람회가 열리고 일본 특산품으로 도자기가 들어오면서, 젊은 프랑스 예술가들 사이에 새로운 바람이 불기 시작했다. 비싼 도자기를 보호하기 위해 일본인들이 포장지로 사용했던 종이가 우키요에 목판화를 찍었던 종이였고, 이것이 뜻밖에 그들의 호기심을 불러일으킨 것이다.

아카데미는 화가들에게 역사와 신화, 성경 기반의 서사를 중심으로 그리기를 강조했다. 기법 또한 완벽한 데생과 사실적인 묘사를 추구했다. 그러나 우키요에는 정해진 틀이 없었다. 멋대로 원근법을 과장하거나 생략해도 괜찮았다. 소실점을 중요하게 생각하지도 않았다. 그림은 사실적이기보다 평면적으로 묘사되었고, 현실에 존재하지 않는 강렬한 색이 사용되기도 했다.

무엇보다 우키요에가 표현한 일반인의 일상이라는 주제

---

3   영국에서는 왕립 미술 학교(Royal Academy of Art)로 통칭된다. 본 책에서 해당 교육 기관을 말할 때는 프랑스, 이탈리아와 관련한 부분에선 '아카데미'로, 영국과 관련한 부분에선 '왕립 미술 학교'로 지칭하기로 한다.

는 기존의 화풍에 거부감을 가졌던 젊은 화가들에게 매력적으로 다가오기에 충분했다. 이들은 우키요에식 그림에 영감을 받아 일상을 주제로 그림을 그렸다. 마네와 모네, 드가와 세잔 등 인상주의 화가들의 그림에 역사적인 장면이 아니라 파리의 길거리와 유원지, 술집과 예술 공간이 등장하는 것은 이런 이유 때문이다.

시끌벅적한 술집에 그녀를 위한 행복은 없다

'폴리 베르제르의 술집'은 마네가 사망하기 불과 1년 전인 1882년 파리 살롱전에서 선보였던 작품이다. 1882년은 인상주의가 파리에 자리를 잡고 인기를 얻고 있던 시기다. 1815년 워털루 전투가 막을 내린 뒤 1차 세계 대전이 터지기 전까지, 유럽은 큰 전쟁 없이 나름대로 평화로운 시절을 보냈다. 우리가 알고 있는 인상주의 화가들 대부분이 이 벨에포크Belle Époque, 아름다운 시대를 살았던 예술가들이다. 그래서 인상주의 작품은 대체로 아름다운 일상을 담고 있다. 하지만 현실도 그랬을까?

스무 살의 고흐가 런던에 처음 발을 딛고 충격을 받았던 것처럼 프랑스 상황도 크게 다르지 않았다. 19세기의 파리뿐 아니라 유럽의 도시들에는 아름다움과 고통이 공존했

A Bar at the Folies–Bergere, 1882, Edouard Manet

다. 변두리에는 사회적으로 보호받지 못하고 일터로 내몰린 청소년과 노동자가 가득했고, 교육받지 못한 여성은 매춘을 하거나 몸이 감당하지 못할 정도로 극심한 노동에 시달려야 했다. 에밀 졸라의 소설 《목로주점》에는 이렇듯 하층민 노동자, 남성과 동등한 대우를 받지 못하고 처절하게 살아가는 여성의 삶이 그려져 있다. 인상주의는 단순히 벨 에포크 시대의 풍요만을 묘사한 예술 사조가 아니라, 사회를 내밀하게 관찰한 거울이었다.

마네의 '폴리 베르제르의 술집'은 에밀 졸라의 소설과 맥락을 같이 한다. 폴리 베르제르는 파리에서 유명한 카바레이자 발레, 서커스 공연이 펼쳐졌던 당대 최고의 사교장이다. 그림 중앙에서 초점을 잃은 눈으로 캔버스 밖을 멍하니 바라보고 있는 쉬잔이라는 여성을 주목해보자. 빨간 볼과 윤기 나는 머리카락은 그녀가 아직 성년이 되지 않은 어린 여성임을 가리킨다. 그녀 앞에는 부르주아들이 마셨던 샴페인과 영국에서 수입해 온 에일 맥주, 탐스러운 과일이 놓여 있다.

마네는 쉬잔의 뒤로 거울을 배치해 이 술집에 있는 사람들을 비추었다. 멋지게 차려 입은 남성과 여성들이 쉬잔 앞 홀에 앉아 음주가무를 즐기고 있다. 다정하게 앉아 있는 남녀는 연인 같은 분위기를 자아낸다. 하지만 이들은 정상적인 연인 관계가 아니다. 돈이 많은 남자와 그들로부터 지원을 받으며 관계를 유지하는 직업 여성이 대부분이다. 19세기 프랑스에선 여성이 방문할 수 있는 장소가 매우 제한적이었다. 정실한 부인에게는 가족에 충실하며 집안일을 돌보는 여성상이 요구되었기에, 남성들은 부인이 아닌 다른 여자와 술집과 카바레를 다니며 유흥을 즐기는 일이 공공연했다. 그런 부적절한 관계를 사회적으로 용인하는 분위기가 형성되어 있었다.

거울 속에는 빼곡한 손님들과 함께 쉬잔의 뒷모습도 비친다. 쉬잔 앞으로 중절모를 쓴 남자가 있다. 정체는 알 수 없지만 쉬잔의 얼굴에 드리워진 그늘을 통해 그가 무리한 요구를 하고 있다는 것을 짐작할 수 있다. 왁자지껄하게 떠드는 손님들과 나이 든 남성을 앞에 둔 쉬잔의 표정은 조금도 행복해 보이지 않는다. 그녀는 어떤 생각을 하고 있을까. 마네가 '폴리 베르제르의 술집'을 통해 보여 주고자 했던 건 프랑스 부르주아들의 적나라한 현실이었다. 프랑스뿐 아니라 유럽을 지배했던 계급 갈등, 거친 사회로 내몰릴 수밖에 없었던 하층민 여성의 삶이었다.

인상주의 그림은 르네상스나 고전 그림을 통해서는 느

끼지 못하는, 당대 사람들의 일상을 가까이서 들여다볼 기회를 제공한다. 우리는 그 앞에서 풍요와 빈곤이 혼재했던 시대로 여행을 떠날 수 있다. 그래서 더 편안하거나, 혹은 더 불편한 마음으로 그림을 감상할 수 있다. '폴리 베르제르의 술집'을 본다면, 꼭 그림 앞에 멈춰서 세상에 자신의 목소리를 낼 수 없었던 작은 소녀 쉬잔을 위로해 주었으면 좋겠다.

피사체 너머의 피사체를 보다

폴 세잔은 후기 인상주의의 상징적 존재인 동시에 19세기와 20세기 미술을 연결하는 화가로 유명하다. 르네상스 이후부터 세잔 이전까지, 서양 미술사는 사물의 본질적 측면이 아닌 시각적 완벽함에 치중해 왔다. 화가 본인의 시점에서 가까이 있는 사물은 크게, 멀리 있는 사물은 작게, 대상을 보이는 그대로 그리는 데 집중했다는 뜻이다. 여기에 처음으로 문제를 인식한 화가가 세잔이었다. 그는 엑상 프로방스 지역의 생 빅투아르 산을 여러 번 그리면서, 산과 화가 사이에 존재하는 대기의 질감이나 자연의 표면이 숨기고 있는 내적 생명을 포착하는 데 더 집중했다. 이번에 소개할 그림은 세잔이 그린 인물화 '카드놀이하는 사람들'이다.

Card players, 1635–40, Le Nain brothers

The Card Players, 1892–6, Paul Cezanne

1890년 가을, 세잔은 자신이 농장에서 일하는 농부들이 짬을 내 휴식을 취할 때 담배를 입에 물고 카드놀이를 하는 모습을 포착했다. 그리고 이 모습을 그림으로 남겼는데, 이는 엑상 프로방스의 그라네 미술관이 소장하고 있는 르 냉 형제의 '카드놀이하는 사람들'을 보고 영감을 받아 자신만의 시선으로 재창조한 것이다.

르 냉 형제의 작품에는 네 명 혹은 그 이상의 인물이 등장한다. 등장인물들은 각기 다른 포즈로 카드놀이에 심취해 있다. 상대의 생각을 읽으려고 눈치를 보거나 묘수를 부리기 위해 의미심장한 표정을 짓고 있다. 르 냉 형제의 작품뿐 아니라 카드놀이하는 사람을 주제로 그린 그림들은 대개의 경우 카드를 쥔 이들 사이에 흐르는 긴장감, 상대를 이기려는 승부욕, 승자와 패자의 희비가 엇갈리는 순간 등을 나타낸다.

그러나 세잔은 단 두 사람만을 등장시켰다. 그리고 두 사람이 미동도 없이 테이블에 앉아 카드놀이에 집중하고 있는 모습을 그렸다. 공간은 선술집인지 집 안인지도 분명하지 않다. 다른 화가들이 그린 카드놀이하는 사람들의 그림이 안정적이고 조화로운 구성을 하고 있다면, 세잔은 의도적으로 구성적인 부분을 약화시켰다. 하나의 소실점을 적용하는 대신, 카드놀이하는 인물 각각의 본질을 잘 묘사할 수 있는 각도를 찾아내 그림에 적용한 것이다.

수학 시간에 배웠던 블록 쌓기를 생각하면 이해하기 쉽다. 같은 블록이어도 바라보는 시점에 따라 평면도에 그려지는 전체 모양이 달라지는 것처럼, 세잔은 서로 다른 각도에서 바라본 인물의 모습을 한 화폭에 그렸다. 이것이 원근법이나 구도 등 미술의 기본 공식을 따르지 않고, 대상 본연의 형체에 집중했던 후기 인상주의의 대표적인 사례다. 세잔이 남긴 총 다섯 점의 '카드놀이하는 사람들'은 후기 인상주의 미술 사조의 중요한 작품으로 인정받으며, 런던의 코톨드 갤러리, 파리의 오르세 미술관 등에 둥지를 틀고 있다.

'귀에 붕대를 감은 자화상', '폴리 베르제르의 술집'과 더불어 '카드놀이하는 사람들'은 인상주의를 이야기할 때 반드시 회자되는 작품이다. 고흐, 마네, 세잔을 논할 때 빠지지 않고 등장하는 작품이기도 하다. 하지만 이 세계적인 작품들이 모두 코톨드 갤러리에 있다는 사실을 아는 사람은 많지 않다. 그렇기에 코톨드 갤러리는 단 세 점의 그림을 보기 위해서라도 방문할 가치가 충분한 곳이다. 고흐와 고갱의 다른 작품들도 덤으로 만나볼 수 있으니, 후기 인상주의 작품의 매력을 흠뻑 느끼기에 모자람이 없을 것이다.

궁전에서 누리는 모두의 호사, 서머셋 하우스

코톨드 갤러리는 '세계에서 가장 아름다운 소규모 미술관'으로 불린다. 이 정도의 정보만 듣고 갤러리를 방문한 사람은 거대한 건물에 한 번, 크고 아름다운 중정에 한 번 더 놀라고 만다. 웅장한 건물의 이름은 앞서 소개한 코톨드 아트 인스티튜트가 위치한 서머셋 하우스다. 코톨드 갤러리는 서머셋 하우스 건물의 일부로써 운영되고 있다.

코톨드 아트 인스티튜트는 1932년에 개관했지만, 건물의 역사는 16세기로 거슬러 올라간다. 1547년, 권세가였던 서머셋 공작 에드워드 세이무어가 자신의 궁전을 템즈 강변에 건설했다. 그가 런던 타워에서 처형된 후 궁전의 소유는 왕가로 넘어갔고, 이때부터 많은 왕족이 궁전을 거쳐 갔다. 엘리자베스 1세가 20세 때부터 여왕으로 즉위한 1558년까지, 제임스 1세의 부인 앤은 1603년부터 건물을 사용했으며, 덴마크 공주였던 앤을 기리기 위해 서머셋 하우스는 한동안 덴마크 하우스로 명명되기도 했다. 찰스 2세의 왕비이자 영국에 홍차를 들여온 캐서린 브라간자도 한때 궁전의 주인으로 살았다.

1779년에 왕립 미술 학교가 건물을 잠시 사용했고, 이후 왕립 미술 학교는 피카딜리에 위치한 지금의 벌링턴 하우스로 이전했다. 20세기에 들어서부터 서머셋 하우스는 영국의 세무청 등 여러 국가 기관으로 사용되다가, 1989년에 코톨드 아트 인스티튜트가 자리를 잡으면서 지금까지 운영되고 있다.

서머셋 하우스는 매년 가을 런던 패션 위크의 런웨이가 되고, 중앙의 커다란 중정은 겨울이 오면 시민들이 즐겨 찾는 스케이트장으로 변신한다. 코톨드 갤러리는 런던의 다른 미술관들과 달리 입장료[4]를 받지만, 7파운드^{약 10,500원} 정도로 가격이 저렴하기 때문에 이용하기에 부담이 없다. 코톨드 갤러리를 방문할 때는 미술관의 앞마당이 되어 주는 서머셋 하우스를 함께 구경해보기 바란다. 대중을 위한 예술의 도시, 런던답게 시민들이 자유롭게 옛 귀족의 궁전을 활보하는 모습을 볼 수 있을 것이다.

4   1파운드는 기부 차원으로, 기부를 원치 않는다면 6파운드로도 이용이 가능하다.

4

월레스 컬렉션

향락과 타락 사이에서
그네 타는 귀족들의 사생활

런던에서 일정이 하루 이틀 정도 남았는데 어디를 가면 좋을지 추천해달라는 질문을 자주 받는다. 그럴 때마다 주저 없이 소개하는 장소가 월레스 컬렉션이다. 처음 미술사를 공부하면서 월레스 컬렉션을 방문한 이유는 단순히 18세기 프랑스에서 성행한 로코코 양식의 대표작, 장 오노레 프라고나르의 '그네'를 보기 위해서였다.

하지만 '그네'를 보기도 전에 나는 이 미술관에 매료되고 말았다. 바쁘고 정신 없는 도심 중앙에서 묵직한 나무 문을 열고 들어서는 순간, 앨리스의 이상한 세계에 빠진 것처럼 화려하고 신비로운 볼거리에 넋이 나가고 말았기 때문이다. 월레스 컬렉션은 아담한 규모에도 구성과 전시품 하나하나를 통해 고급스러움의 극치를 보여 주고 있었다. 그림, 조각, 장식부터 가구, 도자기, 건축에 이르기까지 18, 19세기 유럽 하면 떠오르는 화려하고 아름다운 시각적 정수가 한 장소에 모여 있었다. 물론 입장은 무료였다.

　월레스 컬렉션은 런던의 중심부 맨체스터 스퀘어에 위치해 있다. 런던에서 가장 유명한 백화점 중 하나인 셀프리지 백화점에서 도보로 5분밖에 걸리지 않는다. 월레스 컬렉션에 들어가기 위해선 먼저 건물 앞에 있는 프라이빗 정원인 맨체스터 가든을 반 바퀴 돌아야 한다. 정원은 그리 크지 않지만 철제 펜스로 둘러싸여 있고, 입구는 코드를 입력해야만 열리는 문으로 굳게 닫혀 있다.

　영국인들은 이런 프라이빗 가든에 대한 저항감이 적은 편이다. 영국 도처에 공동으로 사용할 수 있는 퍼블릭 가든이 잘 갖춰져 있고, 크기나 시설 면에서도 퍼블릭 가든이 프라이빗 가든보다 압도적으로 우월하기 때문이다. 런던에 오는 사람들이 자주 찾는 하이드 공원이나 세인트 제임스 공원이 이런 퍼블릭 가든에 해당한다. 게다가 수많은 박물관과 미술관을 공짜로 드나들 수 있으니, 부자들이 비싼 런던 땅에 사유 재산인 정원을 소유하는 것에 불만이 적은 편이다. 여하튼 이 맨체스터 가든을 따라 반 바퀴 돌고 나면, 개인 소유의 저택이라고 하기에는 상당히 큰 저택을 만날 수 있다. 마차를 타고 다니던 시절 만들어진 집이라 현관까지 마찻길이 이어져 있다. 월레스 컬렉션이다.

어느 영국 부호 가문의 고집스러운 수집

월레스 컬렉션은 말 그대로 리차드 월레스라는 사람과 그의 조상들이 대대로 수집한 컬렉션을 모아 놓은 곳이다. 특징은 프랑스의 그 어느 미술관보다도 18세기 프랑스 주요 화가들의 회화와 장식 예술품, 고급 가구 등이 많이 전시되어 있다는 점이다. 컬렉션을 소유하는 데 큰 영향력을 행사한 사람은 월레스 경의 아버지, 4대 허트포드 후작인 리차드 세이무어 콘위다.

　허트포드 후작은 일찍이 방대한 영지에서 나오는 부를 이용해 다양한 미술품을 구매했다. 파리에서의 오랜 생활

로 프랑스와 영국적 취향이 결합된 컬렉션을 수집할 수 있었는데, 이것이 월레스 컬렉션의 정체성을 이루는 기초가 되었다. 주로 파리에 살았던 허트포드 후작은 계속 늘어나는 미술 컬렉션을 보관하기 위해 런던 맨체스터 스퀘어에 위치한, 정원이 딸린 저택을 구입했다. 런던 사교계 유명 인사들의 방문이 잦아지면서 허트포드 하우스는 유행을 주도하는 장소로 떠올랐다. 평생을 독신으로 살아온 허트포드 후작은 막대한 재산과 예술품, 그리고 허트포드 하우스를 자신의 사생아인 월레스에게 상속하고 1870년 세상을 떠났다.

아버지의 영향을 받은 월레스 경은 유명한 프랑코파일
^{Francophile, 친프랑스 성향을 가진 사람}이자 위대한 자선 사업가로 성장
했다. 파리에 월레스 분수를 50개나 설치해 시민들이 깨끗
한 식수를 마실 수 있게 하는 등 공로를 인정받으면서 프랑
스 기사 작위를 받기도 했다.

1872년, 월레스 경은 아버지로부터 물려받은 예술품
들을 가지고 런던으로 돌아왔다. 그리고는 허트포드 하우
스를 거처지로 정하고 대대적인 리노베이션을 진행했다.
1890년 월레스 경의 사망 후, 월레스 부인은 허트포드 하
우스의 수많은 예술품과 저택을 영국 정부에 기증하겠다
는 유언을 남기고 7년 뒤 생을 마감했다. 1900년에 허트포
드 하우스는 미술관 월레스 컬렉션으로 개조되어 지금까지
일반인에게 무료로 공개되고 있다.

월레스 컬렉션은 주택 목적으로 지어진 건물답게 마구
간, 마차 하우스, 흡연실, 당구장 등 다양한 생활 장소를 보
유하고 있다. 18세기 프랑스와 영국 예술의 유산뿐 아니라
당시 부자들의 저택 내부와 문화적 취향을 들여다보는 재
미가 쏠쏠하다. 월레스 컬렉션에는 한 번 보면 '아, 이 그림!'
하며 무릎을 탁 칠 만한 회화 작품들이 있는데, 정작 그 그
림들이 월레스 컬렉션에 있다는 사실은 모르는 이들이 많

다. 런던의 숨은 보물, 영국 귀족의 대저택에서 모두를 위한 갤러리로 탈바꿈한 월레스 컬렉션의 주요 작품들을 함께 감상해보자.

몽환적인 그림 속에 숨은 은밀한 비밀

모든 미술관에는 그 미술관만의 모나리자가 있기 마련이다. 월레스 컬렉션을 대표하는 모나리자는 프라고나르의 '그네'다. 수목이 우거진 숲 속에서 화사한 귀족 풍의 드레스를 입고 생동감 넘치게 그네를 타는 여인이 있다. 여인은 마치 일상의 잡념을 뒤로 하고 여유와 평화를 만끽하고 있는 것처럼 보인다. 하지만 그림을 자세히 뜯어보면, 18세기 프랑스 기득권이 추구했던 사랑의 쾌락과 로코코 양식의 모순적인 품위를 느낄 수 있다.

18세기 유럽은 근대화라는 새 폭풍을 맞이했다. 프랑스에서는 절대 왕정 시대의 종말과 함께 프랑스 대혁명이 일어났다. 영국에서는 의원 내각제가 시행되고, 세계사를 송두리째 뒤흔든 산업 혁명이 일어났다. 분열된 독일에선 통일의 기운이 싹텄고, 스페인은 프랑스에게 왕위를 뺏기는 등 쇠퇴기로 접어들었다. 각국의 정치, 경제, 사회, 예술이 분화되면서 이전처럼 전 유럽을 아우르는 양식과 문화 사조를 찾는 일은 더 이상 어려워졌다. 그렇게 17세기 바로크를 뒤로 하고, 18세기 유럽은 계몽주의와 낭만주의, 사실주의 등 다양한 예술 사조가 공존하는 양상을 띠게 된다.

그 가운데 파리에서는 귀족층을 중심으로 로코코라는 장식성이 강한 예술 사조가 나타났다. 로코코가 도래하기 직전 루이 14세는 왕권을 공고히 하기 위해 귀족 세력을 견제했다. 절대 왕권의 상징이자 권력의 중심지인 베르사유 궁전을 세우고, 귀족들을 불러들여 매일같이 화려한 파티를 열었다. 귀족의 눈을 멀게 해 사치와 향락에 빠져들게 하겠다는 전략이었다. 그의 전략은 통했다. 귀족들은 왕권을 탐하는 대신, 루이 14세를 태양처럼 떠받들며 그의 눈에 들기 위해 서로를 죽이는 암투를 벌이기도 했다.

루이 14세의 사망 후 손자 루이 15세가 프랑스 왕위에 오르자 상황은 달라졌다. 루이 15세는 베르사유 궁전에 모여 살던 귀족들에게 해산을 명령했다. 그러나 이미 향락적인 삶에 젖어버린 귀족들은 명령을 순순히 따를 수 없었다. 그들은 고향으로 돌아가는 척하며 파리 근교에 저택을 짓고 베르사유에서 즐겼던 문화 생활을 유지해 나갔다.

이때부터 프랑스의 우아한 사교 모임, 살롱 문화가 활발하게 발전하기 시작한다. 살롱은 프랑스어로 큰 거실을 의미한다. 귀족이 안주인들은 자신의 저택 살롱을 과시하면서 귀족과 부르주아 계층, 지식인과 친목을 도모했다. 살롱에서 논의되는 이야깃거리 중 가장 인기가 높았던 주제는 단연 사랑이었다. 몸과 마음을 말랑말랑하게 만드는 위험하고 유혹적인 사랑. 시인은 사랑에 관한 시를 낭송하고, 오페라 가수는 사랑에 관한 아리아를 불렀다. 화가는 사랑을 주제로 한 그림을 벽에 걸면서 토론을 유도했다.

로코코는 조개껍질을 뜻하는 프랑스어 '로카이유Rocaille'에서 유래한 단어다. 즉, 조개껍질처럼 곡선적이고 섬세한 아름다움을 칭한다. 로코코 시대의 그림은 이처럼 부드러운 구부러짐, 정교한 장식 등을 특징으로 한다. 로코코 풍의 그림은 인간적인 상냥함과 친근함을 나타내지만, 한편으로 사랑의 쾌락과 관능을 암시한다. 맹목적이고 위험한 사랑을 표현한 작품들이 많아지면서 퇴폐적으로 타락한 귀족 사회를 반영하기도 했다. 로코코를 대표하는 화가는 장앙투안 와토, 프라고나르, 프랑수아 부셰 등이 있는데, 월레스 컬렉션은 이들의 작품을 가장 많이 감상할 수 있는 로코코의 성지나 마찬가지다.

이제 프라고나르의 '그네'를 감상해보자. 먼저 그림을 보면 아름답다는 탄성이 터져 나온다. 화려한 색감과 꿈결에서 본 것 같은 부드러운 붓질, 그네의 운동성이 잘 묘사되어 있다. 중심에 있는 그네는 양쪽을 오가는 특성 때문에 미술사에서 전통적으로 불륜을 상징한다. 이 정보를 바탕으로 다시 한 번 그림을 살펴보자.

시선을 끄는 아름다운 여성 양옆으로 두 사람이 보인다. 오른쪽에서 그네를 밀어주는 남자는 꽤 나이가 들어 보이며 신부 복장을 하고 있다. 이 노인은 두 가지로 해석될 수 있다. 그네를 타는 여인의 부유한 남편일 수 있고, 여자에게 마음을 빼앗겨 본분을 망각한 늙은 신부일 수도 있다. 왼쪽 하단에는 한 남자가 비스듬하게 누워 있다. 생기가 도는 붉은 뺨으로 보아 오른쪽 노인보다 젊은 청년으로 보이며, 왼팔을 쭉 뻗어 여인에게 뭔가를 호소하는 제스처를 취한다.

이런 스토리를 상상해볼 수 있다. 젊은 남자는 애인과 즐거운 시간을 보내기 위해 담을 넘어 여인의 정원에 도착했다. 여기서 문제가 발생했다. 눈치 없는 여인의 남편이 나와 그네를 밀어주고 있는 것이다. 즐거운 한때를 기다렸던 청년은 실망이 이만저만이 아니다. 이에 정원에 숨어 있던 청년은 애인에게 뭔가를 요구하는 듯한 몸짓을 취한다. 여인은 왼쪽 다리를 힘껏 차올리며 청년의 요구에 응한다. 얼

The Swing, 1767, Jean-Honore Fragonard

마나 힘껏 다리를 들어올렸는지 구두 한 짝이 하늘로 날아 갔다. 18세기 그림에서 신발은 도상학적으로 여자들의 정조를 의미한다. 이 날아가는 신발은 두 남녀가 육체적인 사랑에 빠져 있다는 걸 뜻한다.

그림 왼쪽 위편에는 에로스 석상이 등장한다. 에로스는 은밀한 그들의 관계를 묵언하라는 듯 비밀스럽게 손가락으로 입을 가리고 있다. 한편 노인 앞에는 사랑의 전령인 푸티 조각상이 있다. 두 명의 푸티 중 한 명은 그네 타는 여인을 바라보고, 다른 푸티는 노인 앞의 개를 바라본다. 개는 전통적으로 부부간의 신의와 충절을 의미한다. 개는 불륜을 알리기 위해 열심히 짖고 있지만, 늙은 남편은 젊고 아름다운 아내에게 눈이 멀어 아무것도 눈치채지 못한다.

그림은 두 남자 사이를 왕복하는 여인을 통해 18세기 귀족과 성직자들의 방탕하고 타락한 생활을 묘사하고 있다. 마네의 '폴리 베르제르의 술집'에서 살펴본 것처럼 프랑스 귀족들이 정부를 두는 일은 자연스러운 것이었으며, 손가락질을 받을 행위도 아니었다. '그네'는 부르주아 계급과 대중이 충분히 공감할 만한 내용을 담고 있는 것이다. 하지만 시대적 분위기가 불륜에 관용적이었다고 한들 인간의 도덕적 양심까지 속일 수는 없는 노릇이다. 불륜이 공공연한 비밀이었다고 하더라도, 누구도 쾌락을 향해 달리는 프랑스 귀족의 생활상을 풍자한 이 그림을 자랑하듯 거실에 내걸 수는 없었을 것이다. 프라고나르의 '그네'가 다른 그림에 비해 유독 작게 제작된 건 바로 이런 이유 때문이다.

'그네'는 줄리앙 남작이 화가 가브리엘 프랑수아 도엥에게 '그네를 타고 있는 여인을 그려 달라. 가톨릭 신부가 여인의 그네를 밀고 있고, 남작인 내가 바닥에서 여인을 바라보도록 해달라'고 주문하면서 탄생했다. 하지만 도엥은 가톨릭의 반발이 두려워 제안을 거절했고, 그 대신 젊은 화가였던 프라고나르를 추천했다. 프라고나르는 의뢰를 승낙하기는 했지만 역시 가톨릭 교도의 신경을 건드리지 않기 위해 남자 둘의 신분을 알아볼 수 없도록 모호하게 그렸다. 젊은 남자를 남작으로 생각할 수 없게 표현했고, 노인 또한 신부라기보다는 여인의 늙은 남편 정도로 표현했다.

네덜란드에 상륙한 최초의 인스타그래머들

그림 속 남자의 표정이 어떤가? 발갛게 상기된 광대가 살짝 올라가 있지 않은가? 분명 즐거워 웃는 건 아니다. 박장대소는 더더욱 아니다. 남자는 의미를 알 수 없는 옅은 미소를 띠고 그림 너머를 응시한다. 미소를 띠고 있는 남자의 정체 또한 미스터리다. 모델이 누구인지 정확한 기록이 남아 있지 않아서다. 다만 오른쪽 상단에 '1624'와 '26'이란 숫자를 통해 화가가 1624년 26세의 나이에 이 그림을 그렸다는 정도만 알 수 있다.

남자의 옷도 눈여겨 볼 만하다. 한 땀 한 땀 정교하게 수를 놓아 장식한 걸 보면 상당한 자산가인 것처럼 보인다. 허리춤에 당당히 올린 손과 생기 넘치는 표정, 힘있게 솟은 콧수염을 통해 자기 삶에 무척 만족하는 사람이라는 것을 예상할 수 있다.

'웃고 있는 기사'는 네덜란드 초상화가 프란스 할스가 그린 그림이다. 허트포드 하우스가 미술관으로 개조되기 전, 허트포드 가문이 수집한 그림들은 런던 동쪽의 베스널 그린 박물관에 전시되었는데 이 작품은 공개와 함께 인쇄물이 대량 복제될 정도로 흥행에 성공했다. '남자의 초상화'라 불리던 작품은 이때 참석한 비평가들로부터 '웃고 있는 기사'란 이름을 얻었다.

이 그림에 대해 더 자세히 알고 싶다면, 1624년의 네덜란드를 이해할 필요가 있다. 당시 네덜란드는 스페인의 통치에서 벗어나기 위해 독립 전쟁을 벌이고 있었다. 스페인이 개신교를 탄압하는 과잉 진압을 자행하자 종교의 자유

The Laughing Cavalier, 1624, Frans Hals

를 외치는 사람들을 주축으로 독립 운동이 진행되었다. 마침내 완벽한 독립국의 지위를 갖게 된 네덜란드는 종교의 자유를 찾는 사람들에게 새로운 희망으로 떠올랐다. 다양한 국적의 개신교들이 네덜란드로 몰려들었다. 개중에는 유대인과 상공인이 많았다. 그렇게 헤이그와 암스테르담의 무역이 발전하면서, 17세기 네덜란드는 한 번도 경험해보지 못한 황금 시대를 맞이하게 되었다.

경제 부흥은 곧 예술의 발전으로 이어졌다. 산업 혁명이 도래하기 전 17세기 유럽은 전반적으로 역사와 종교, 신화를 다룬 그림만이 가치 있다는 생각이 지배적이었다. 사사로운 감정과 일상의 표현은 세속적이고 배척해야 할 것으로 여겨졌다. 하지만 플랑드르 지역은 상인이 주가 되어 부를 축적했던 도시였다. 상인들에게 종교적 이념보다 중요한 건 돈이었다.

나아가 이들은 일상생활을 예술의 주제로 선택해야 하고, 현실을 회피하지 않고, 인간에 대한 진솔한 이해를 유머러스하게 담아내는 데 거리낌이 없어야 한다고 믿었다. 그 결과 장르화라는 새로운 예술이 네덜란드에서 꽃을 피울 수 있었다. 황금기는 50년 정도로 짧았지만, 그 사이 일반인의 일상을 담은 풍경화, 초상화, 풍속화, 정물화가 네덜란드 예술 시장을 선도했다.

네덜란드는 국토의 25퍼센트가 해수면보다 낮은 나라다. 네덜란드라는 이름 자체도 '낮은 땅'이라는 의미를 갖고 있다. 이런 자연적 문제를 해결하기 위해 네덜란드 시민들은 일찍이 제방을 쌓아 간척 사업을 하고, 풍차를 만들어 관개 농업을 발전시켰다. 이들에게는 신분의 차이를 강조하는 일보다 여럿이 협력해 대의를 이뤄야 한다는 국가적 목표 의식이 먼저였다.

이를 발판 삼아 17세기 네덜란드는 그 어떤 유럽 국가보다도 높은 시민 의식과 교육열을 가진, 하인들도 글을 읽을 수 있을 정도로 문맹률이 낮은 나라로 발전했다. 상업과 무역의 발전으로 경제적 성공을 이룬 사람까지 많아지자 화가들은 네덜란드의 긍정적 분위기에 영향을 받아, 오랫동안 유럽 회화의 주류를 차지했던 역사화와 작별을 고했다. 그렇게 일반인의 삶을 주제로 한 장르화가 네덜란드 예술을 수놓았다.

'웃고 있는 기사' 속 남자의 옷 소매에는 사랑의 매듭과 화살, 하트, 횃불 등의 문양이 그려져 있다. 모두 사랑의 기쁨과 고통을 상징하는 오브제로, 의뢰인이 사랑에 빠진 자신의 모습을 남기기 위해 그림을 주문했을 것이라고 해석할 수 있다. 하지만 뭐니뭐니해도 이 그림을 유명하게 만든 일등공신은 그의 얼굴을 살짝 스치고 지나가는 미소다.

화려한 옷을 입고 위풍당당하게 서 있는 남자. 자부심인지 만족감인지 의미를 알 수 없는 미스터리한 웃음을 짓고 있는 남자의 그림은 분명 성스럽고 비일상적인 종교화와는 거리가 멀다. 이 한 점의 그림을 통해 우리는 황금 시대 네덜란드의 번영을, 드높았던 시민들의 위상을, 일상을 예술로 승화시켰던 예술가들을 만날 수 있다. 어쩌면 네덜란드의 장르화 화가들은 평범한 찰나의 순간을 기록한 최초의 인스타그래머들이었는지도 모른다.

런던에서 만나는 슬픈 마리 앙투아네트

아름다움과 우아함의 아이콘. 로코코의 여왕. 하지만 끝내 단두대의 이슬로 사라져버린 비운의 여인. 마리 앙투아네트는 1755년에 오스트리아 합스부르크 왕가의 유일한 여왕인 마리아 테레지아의 막내딸로 태어났다. 테레지아는 딸들을 유럽 왕가와 정략결혼시키며 정치적 동맹 관계를 만들어 갔는데, 루이 16세와 결혼한 앙투아네트의 혼인을 가장 마음에 들어 했다고 한다.

화려한 베르사유 궁전에 살게 된 앙투아네트는 수려한

외모로 작은 요정이라 불리며, 사치와 향락을 즐기고 뭇 여성들의 동경을 한몸에 받았다. 하지만 프랑스 대혁명이 시작되자 시민들의 감시를 받다가, 국고를 낭비한 죄와 반혁명을 시도한 죄로 콩코르드 광장에서 단두대의 이슬로 사라졌다. 38년이란 짧은 생을 살았지만 그 누구보다 강렬한 이미지를 남기고 간 파리의 연인이었다.

리차드 월레스가 파리에서 열을 올리며 예술품을 구입하고 있을 때, 그의 눈길을 사로잡는 경매 공고가 하나 올라온다. 앙투아네트가 정사로부터 벗어나 혼자 또는 네 명의 자녀들과 사적인 시간을 보냈던 베르사유 궁전의 별궁 프티 트리아농의 가구와 장식품들이 경매로 판매된다는 내용이었다. 월레스는 즉시 경매장으로 달려갔다. 그렇게 앙투아네트가 사용했던 아름다운 가구와 장식품들은 월레스 컬렉션의 품속으로 들어오게 되었다.

월레스 컬렉션에 자리 잡은 런던의 프티 트리아농, 마리 앙투아네트의 방을 소개한다. 18세기 로코코 시기를 대표하는 화려한 금박의 가구와 핑크빛 커튼, 섬세한 장식품들 가운데 1780년에 제작된 폴 프런트 데스크^{fall-front desk, 앞 문짝}^{을 내려 여는 구조의 책상}가 눈에 띈다. 문을 닫아 놓았을 때는 한 덩어리의 가구처럼 보이지만, 문을 열고 중앙 부분을 잡아당기면 책상 앞머리가 쑥 빠져 나온다. 앙투아네트는 이 책상에 앉아 고향의 가족이나 자신의 연인들에게 수많은 편지를 보낸 것으로 알려져 있다. 낯선 프랑스에서 의지할 곳을 찾아 편지를 써내려가는 그녀의 뒷모습이 보이는 것 같다.

향로는 앙투아네트가 가장 아끼던 물건으로 전해진다. 붉은 빛을 띠는 옥이 향로의 머리 부분을 장식하고, 금박을 입은 청동이 다리 부분을 섬세하게 구성하고 있다. 18세기 베르사유 궁전의 밤을 밝힐 수 있는 방법은 벽난로의 불과 촛불 정도가 유일했을 것이다. 앙투아네트는 아늑함을 더 고조시키기 위해 프티 트리아농의 거실 창문을 커튼 대신 거울로 꾸몄다고 한다. 은은하게 타오르는 촛불과 장작불빛이 금박의 가구들에 반사되며 반짝이는 장면을 보면서 그녀는 어떤 생각에 잠겼을까.

앙투아네트는 프티 트리아농의 장식품들을 혁명 후 되찾을 생각으로 전당포에 맡겼으나 안타깝게도 두 번 다시 만날 수 없었다. 월레스 컬렉션에는 만감이 교차하는 전시품이 하나 더 있다. 리차드 월레스의 눈길을 사로잡았던, 앙투아네트의 물건 경매를 알렸던 바로 그 광고 포스터다. 이제는 유산이 된 물건들과 경매 포스터가 함께 전시되고 있는 이 방에서 로코코 시대를 상징하는 화려한 물건들, 그

화려함에 가려졌을 그녀의 외로움을 느껴본다.

귀족의 저택에서 즐기는 한 잔의 품격

영국의 문화를 경험하고 싶다면 꼭 해야 하는 리스트 중 하나가 애프터눈 티를 즐겨보는 일이다. 영국 전역에는 역사적으로 중요하면서 실내 장식도 화려한 티룸이 많다. 애프터눈 티의 발상지라고 할 수 있는 워번 애비부터 켄싱턴 가든의 오랑주리, 리츠 호텔, 랑함 호텔 등 애프터눈 티만으로도 한바닥 이야기를 써내려갈 수 있을 정도다. 그중에서도 너무 격식을 차리지 않고, 그렇다고 너무 캐주얼하지도

않게 편안한 마음으로 애프터눈 티를 즐길 수 있는 장소가 월레스 컬렉션의 중정 레스토랑이다.

허트포드 저택은 ㅁ[미음자] 형태를 띠고 있다. 중앙에 뻥 뚫린 공간을 레스토랑으로 사용하는데, 오후 세시 반에서 네 시쯤 되면 크림 티라 불리는 홍차와 함께 스콘, 부드러운 클로티드 크림과 잼을 즐기러 온 많은 사람을 만날 수 있다. 런던에서는 흔치 않게 오픈된 저택의 중정이라 귀족 사유지의 인테리어도 여유 있게 돌아볼 수 있다. 티의 가격 또한 상대적으로 비싸지 않다.

월레스 컬렉션에서 빼놓을 수 없는 또 하나의 전시관은

루이 15세의 정부였던 퐁파두르 부인이 세운 세브르 컬렉션이다. 퐁파두르 부인은 빼어난 미모와 교양의 소유자였으나 사치와 향락을 일삼아 프랑스 대혁명의 시발점이 되었다는 평을 받는 인물이다. 디자인, 가구, 회화 등 예술을 사랑했던 그녀는 특히 도자기에 관심이 많았다.

　당시 프랑스는 동양이나 독일에서 자기를 수입해 오곤 했는데, 자국의 도예 산업을 부흥시키고 싶었던 퐁파두르 부인은 방센느에 있던 도자 공방을 베르사유와 파리의 중간 지점인 벨뷰궁과 가까운 세브르로 옮겨 왔다. 부인의 지원 아래 공방은 마늘즙으로 금가루를 착색시키는 금채 기

술을 개발하고, 로열 블루와 장밋빛에 가까운 로즈 드 퐁 파두르 같은 독자적인 색채를 개발하면서 유럽 최고의 도자기 제작소로 거듭났다. 세브르 도자기에서도 로코코의 우아한 곡선과 섬세한 문양을 엿볼 수 있다.

마리 앙투아네트의 방에서 그녀의 숨결을 느끼고, 세브르 컬렉션에서 영롱한 옥색, 청색, 녹색의 자기를 감상했다면, 중정으로 걸어가 차 한 잔을 마셔보자. 프랑스의 로코코 문화부터 19세기 영국 귀족의 취향까지, 가장 아름답고 화려했던 시기의 유럽을 맛볼 수 있을 것이다.

5

영국 박물관

태초의 문명인이 새겨 논
요즘 사람들을 위한 암호

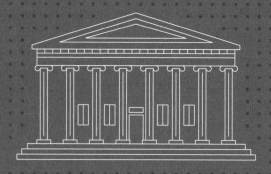

영국 박물관[5]은 런던에 와서 내가 처음으로 해설을 맡은 뮤지엄이다. 국립 미술관과 쌍벽을 이루는 박물관인 데다가 워낙 유명해 명성을 잘 알고 있었고, 더 솔직히 말하면 나는 영국 박물관을 안내하는 일에 꽤 무모한 자신감을 갖고 있었다. 미술에 대해선 배워야 할 게 산더미처럼 많았지만 이스라엘과 중동, 이집트를 다녀온 경험을 무기로 영국 박물관만큼은 나에게 익숙할 것이라고, 만만할 것이라고 쉽게 생각했던 것이다.

완벽한 착각이었다. 해설을 처음 하기 위해 들어간 영국 박물관은 너무나도 커다랗고 압도적이어서 동선을 짜는 것조차 힘들었다. 기대감을 갖고 런던에 온 분들에게 뭘 어떻게 설명해야 할지 막막했다. 나도 잘 모르는 상태에서 돈을 받고 해설을 해야 한다는 게 부담스럽게 느껴졌다. 그리스

---

5   대영 박물관이라는 이름에 익숙한 것은 번역 과정에서 한자 표기를 그대로 사용했기 때문이다. 하지만 시대가 바뀌었고 박물관 측에서도 The British Museum이라고 정확한 명칭을 소개하고 있으니, 여기서는 영국 박물관이라 부른다.

신전처럼 생긴 외관은 무서웠고 견고하게만 보였다. 그러나
동시에 내가 정복해야 할 성처럼 느껴지기도 했다.

막연히 '신전처럼 생겼구나'라고만 생각했던 박물관의
외관은 알고 보니 18세기 신고전주의 양식의 전형을 보여
주는 결정판이었다. 신고전주의란 말 그대로 고전을 새롭게
재현한 양식이다. 유럽인에게 고전이라 하면 그리스와 로마
를 뜻한다. 고전의 부활이 정점을 찍었던 18세기 유럽에는
이처럼 거대한 기둥과 돌 소재 등으로 이뤄진, 그리스 파르
테논 신전을 닮은 건물이 많았다. 영국 박물관 역시 고전의
부활을 기리며 신전과 같은 모습으로 재현한 결과물이다.

흥미롭게도 그리스 파르테논 신전에서 떨어져 나온 조각을 가장 많이 전시하는 곳 역시 영국 박물관이다.

입구 계단을 지나 본관 정문에 들어서면 외관과는 전혀 다른 현대적인 공간이 나타난다. 영국 박물관이 2000년, 밀레니엄을 기념하기 위해 만든 그레이트 코트다. 19세기 이후 건축의 근대성이 돌에서 철과 유리로 변화하면서, 영국을 대표하는 건축가 노먼 포스터 경의 지휘 아래 철과 유리로 천장을 덮은 그레이트 코트가 탄생했다. 그레이트 코트는 박물관이 만들어진 18세기 건축의 주재료인 돌, 21세기 건축의 주재료인 철과 유리가 조우한 과거와 현대의 만

남인 셈이다.

영국 박물관의 시작은 물리학자이자 영국 왕립 학술의 원장을 지낸 한스 슬론 경의 이야기로 거슬러 올라간다. 그는 엄청난 고대 유물 수집광이었다. 평생 8만 점이 넘는 자연사 유물과 표본, 4만 점 이상의 책과 필사본, 3만 2,000점에 달하는 동전과 메달을 수집했다. 막대한 인맥으로 얻은 기금과 자메이카 사탕수수 농장 사업에서 파생한 수입을 통해서도 컬렉션을 확장해 나갔다. 그에게는 '모든 것은 대중을 위한 것'이라는 목표가 확실했다. 평범한 사람이 언제나 손쉽게 자신의 수집품을 관람할 수 있기를 바랐고, 나아가 과학과 역사에 관심을 갖기를 염원했다. 그는 자신의 모든 수집품을 영국 정부에 기증하겠다는 유언을 남겼다.

1753년, 그가 사망하자 의회는 슬론 경의 수집품을 구매했다. 그리고 시민들이 자유롭게 공부하고 연구할 목적의 공공 박물관을 무료로 열겠다는 법안을 통과시켰다. 영국 박물관은 초기에 왕립 도서관의 형태로 시작되었다. 슬론 경의 수집품은 그 안에서 관람과 연구, 교육 목적으로 전시되다가 6년 후 박물관이 정식으로 문을 열면서 모두에게 공개되었다. 누구에게나 문을 열어 놓았다고는 하지만, 연줄이 있는 사람이 우선으로 입장권을 차지했던 탓에 일반인의 방문은 쉽지 않았다.

1830년대가 되어서야 규제가 완화되며 대중 입장이 용이해졌고, 이 정책이 지금까지 유지된 결과 영국 박물관은 한 해에만 590만 명이 방문하는 박물관으로 성장했다. 800만 점에 달하는 유물은 오랜 인류 역사를 아우르고 있고, 각 대륙에서 수집한 고대 유물은 그 규모와 중요성 면에서 높은 가치를 자랑한다.

시간이 흘러 어느덧 내가 영국 박물관을 해설한 횟수가 천 번을 훌쩍 넘어가게 되었다. 무섭고 두려웠던 감정은 친숙함과 익숙함으로 변했다. 그러나 아무리 시간이 흘러도 경이롭다는 느낌은 변하지 않는다. 인간의 기나긴 기록이 21세기의 우리에게까지 생생히 전달되고 있다는 사실이 놀랍기만 하다. 인류의 역사를 조망할 수 있는 장소, 영국 박물관의 육중한 문을 열고 그레이트 코트를 지나 수천 년의 과거가 흐르는 시간 속으로 여행을 떠나보자.

고대 이집트에서 찾은 피카소의 뿌리

고대 문명 중 이집트가 갖는 특징이 있다. 폐쇄형 지형이 가져다 준 평화와 풍요가 그것이다. 홍해와 나일강, 지중해 사막 지형은 이집트를 적들의 침입으로부터 보호하는 방어벽

오른쪽 두 명의 무희는 정면의 포즈에 정면의 얼굴, 두 눈을 갖고 등장한다.
©The Trustees of the British Museum

역할을 했고, 덕분에 왕국이 생긴 후 몇천 년 동안 이집트에는 큰 전쟁이 일어나지 않았다. 또한 나일강이 1년에 한 번씩 주기적으로 범람하면서 강 주변에 옥토가 만들어져, 별다른 노력 없이도 농산물이 잘 자라났다.

전쟁과 기근에서 자유로웠던 고대 이집트 사람들은 자연스럽게 눈앞의 현실보다 이승 이후의 삶에 관심을 가졌다. 그들은 죽은 사람의 몸에서 영혼이 빠져나와 저승을 여행한 뒤 다시 이승에 돌아와 부활한다는 믿음을 가졌고, 이를 미이라와 무덤 벽화라는 독특한 장례 문화로 발전시켰다. 이런 고대 이집트 문화와 관련된 영국 박물관의 중요한 소장품 중 하나가 제사장 '네바문의 무덤' 벽화다.

고대 이집트인들은 망자를 땅에 묻을 때, 그가 살아 있을 때와 같이 부귀영화를 누리기 바라는 마음으로 부장품과 함께 그림을 그려 넣어 주었다. 이때 특정한 방식으로 그림을 그려야 자신들의 진심이 저승까지 전달된다고 믿었는데, 이들이 제시한 답은 사물이 갖고 있는 본질이었다. 사물을 눈으로 보았을 때의 외형이 아니라 사물의 본질이 가장 잘 드러난다고 생각되는 방향, 신체 각각의 본질을 가장 잘 보여 주는 방식으로 그림을 그려 넣은 것이다. 그들이 생각하는 완벽한 인체란 바로 이런 것이었다. 본질을 묘사해야만 망자와 망자의 부장품이 보존되어 저승까지 무탈하게 도달한다고 믿었다.

그림을 보면 네바문의 포즈가 다소 이상하다는 것을 알 수 있다. 하나같이 정면도 아니고 측면도 아닌 재미있는 포즈를 하고 있다. 먼저 네바문의 얼굴은 측면이다. 이집트인들은 옆모습을 그렸을 때야말로 코를 사실적으로 묘사할 수 있다고 생각했다. 반대로 눈은 정면에서 바라보았을 때 가장 사실적이다. 그래서 네바문은 측면의 얼굴에, 정면의 눈을 하고 있다. 몸통은 정면을 향하고 다리는 옆을 향해 있다. 다리는 옆에서 보았을 때 세부적인 묘사를 할 수 있고 발까지 사실적으로 그릴 수 있기 때문이다.

이집트 벽화 속에 묘사된 사람들은 대부분 이 규칙을 따르는데, 소수의 사람만이 규칙을 따르지 않고 정면의 얼굴에 두 개의 눈을 갖고 등장한다. 바로 영생이 중요하게 간주되지 않았던 미천한 신분의 사람들이다. '네바문의 무덤' 옆에 전시된 벽화를 통해 이와 같이 표현된 무희 두 명을 확인할 수 있다. 반대로 신분이 높고 중요한 사람일수록 규칙은 엄격하게 지켜졌다.

네바문의 그림 왼쪽에는 '네바문의 정원'이라는 벽화가 있다. 이 그림에서도 사물의 본질을 그리기 위한 노력이 엿

보인다. 그림 중앙의 연못은 위에서 내려다본 모습을 띠고 있다. 연못 안의 오리와 물고기는 측면을, 연못가에 서 있는 나무들은 정면을 향해 있다. 이를 통해서도 사물과 신체 부위 각각의 본질을 그려야만 망자와 그 부장품이 저승까지 잘 도달할 것이라 여겼던 이집트인들의 믿음을 확인할 수 있다. 그렇게 보면 사물과 사람의 본질을 그리려 했던 세잔과 피카소 작품의 근본은 이집트인들의 세계관에서 출발했다고 해도 과언이 아니다.

한편 고대 이집트의 조각에서는 재미난 공통점이 발견된다. 대부분이 돌 중에서 가장 단단한 화강암으로 구성되어 있다는 점이다. 이집트인들은 단단한 화강암을 사용해야만 자신들이 기리는 인물의 영생이 보존된다고 믿었다. 이런 이유로 고대 이집트의 조각가들은 '영원히 살게 해주는 사람'이라고 불렸다. 이집트 전시관의 대형 화강암 조각을 볼 때면 기원전 2000년 무렵 이집트인들을 지배했던 사후 중심의 세계관과 권력의 힘이 느껴진다. 또한 이를 온전히 실현해 냈던 석공들의 예술적 능력에 감탄하게 된다.

수천 년 세월의 봉인을 해제시킨 아주 특별한 돌

로제타 스톤은 영국 박물관의 인기 스타이자 세계사적으

로 매우 중요한 가치를 지닌 유물이다. 로제타 스톤은 고대 이집트 파라오인 프톨레마이오스 5세가 신전에 베푼 은혜를 찬양하는 총독비로 기원전 196년경 제작되었다. 18세기 나폴레옹의 이집트 약탈이 한창일 때, 이집트 북부 해안 마을 로제타에 주둔하던 프랑스 군인들이 진지 공사를 하기 위해 땅을 파다 이 오래된 비석을 발견했다. 들여다보니 상단의 상형 문자, 중단의 민용 문자, 하단의 고대 그리스어가 각각 쓰인 특별한 돌이었다.

상형 문자는 이집트 시대에 왕이나 귀족이 사용하고 관공 문서와 국가적 기념비에 쓰였던 언어다. 그런 상형 문자가 어렵다 보니 일반인을 중심으로 발전했던 문자가 민용 문자였다. 고대 그리스어는 이집트의 마지막 왕조인 프톨레마이오스 왕조 시절, 이집트가 지중해 패권을 쥐고 있던 그리스의 영향을 받았음을 암시한다. 당시 이집트에는 그리스계 공식 정부가 있을 정도로 두 나라가 정치, 문화적으로 긴밀했다고 하니 고대 이집트 비석에서 그리스어가 발견된 것은 그리 놀라운 일이 아니다. 돌은 발견 직후 프랑스로 이송될 계획이었으나, 나일 해전에서 영국 넬슨 제독이 프랑스를 격파하면서 프랑스가 발굴한 유물들은 고스란히 영국으로 들어오게 되었다.

로제타 스톤이 역사적 가치를 인정받는 이유는 돌에 쓰인 문자의 언어학적 의미 때문이다. 이집트인이 사용했던 상형 문자는 수천 년 동안 그 누구도 읽을 수도, 해석할 수도 없는 문자였다. 그로 인해 방대한 이집트 유물과 역사에 대한 추측이 난무했는데, 로제타 스톤이 등장하면서 이집트학은 새로운 국면을 맞았다. 돌에 새겨진 세 개의 문자 중 마지막 단에 위치한 고대 그리스어가 해석된 것이다.

영국 언어학자들은 그리스어의 마지막 두 줄에 쓰인 '지금까지 쓴 이 내용을 상형 문자와 민용 문자로 기록하였다'라는 내용을 토대로 위 두 문자의 정체를 알아냈고, 이집트의 상형 문자가 표의 문자일 것이라는 전제하에 연구를 진행했다. 하지만 문자의 비밀은 쉽게 풀리지 않았고, 로제타 스톤에 새겨진 미스터리한 언어는 탁본으로 제작되어 많은 연구자들의 도전 과제가 되었다.

프랑스의 언어학자 샹폴리옹은 이집트를 방문할 때마다 다양한 조각에 새겨진 상형 문자를 주의 깊게 보았다. 그는 이집트 파라오들이 람세스라는 이름을 가장 많이 사용했다는 사실을 발견하고, 이집트 곳곳에서 발굴된 파라오의 조각에 공통으로 나오는 문자가 람세스일 것이라고 추정했다. 그 추정을 바탕으로 연구를 진행한 결과, 상형 문자가 한문처럼 뜻을 표기한 문자가 아니라 음가를 표기한 문자라는 사실을 새롭게 발견했다.

이 발견과 함께 상형 문자 연구는 급속한 진전을 보였다. 그리고 마침내 수천 년간 비밀에 쌓여 있던 상형 문자가 번역되었다. 상형 문자의 해독과 함께 우리가 현재 알고 있는 이집트의 역사가 세상에 공개되었다. 영국 박물관의 로제타 스톤은 굳게 잠겨 있던 이집트 시대의 문을 열어 준 열쇠와 같다.

강력한 왕국 아시리아의 생존을 위한 허슬

아시리아는 대략 2700년 전 지금의 이집트, 이란 지역을 중심으로 세력을 발전시킨 제국이다. 아시리아가 포함된 메소포타미아 지역은 유프라테스강과 티그리스강 사이에 위치해 관개 농업이 발전하고 토지가 비옥했다. 하지만 두 강 유역은 이집트와 달리 개방형 지형을 갖고 있어, 이민족의 침입이 잦았다. 국가의 주인과 흥망도 시시때때로 바뀌었다.

아시리아 사람들은 땅과 생산물을 지키기 위한 투쟁에 익숙했다. 이 처절한 투쟁은 그들의 문화 예술에 깊은 영향을 주었다. 사후보다 이승에서의 삶이 그들에게는 더욱더 중요한 영향을 끼친 것이다. 그래서 아시리아 전시관에서는

현세를 중시했던 아시리아인들의 가치관을 엿볼 수 있다.

아시리아 전시관의 입구에는 늠름한 라마수 석상이 서 있다. 라마수는 사람의 머리, 소의 몸에 독수리의 날개를 달고 있는 상상 속 동물이다. 아시리아인들은 사람의 머리를 통해 지혜가, 소의 몸을 통해 강인한 육체가 깃들기 바라는 마음으로 조각을 새겼고, 독수리의 날개를 통해서는 높이 날아오르고 싶은 야심을 표현했다. 이 거대한 조각을 성문에 배치해 도시 안으로 악한 기운이 들어오지 못하도록 했고, 방문자들에게는 강한 인상을 심어주고자 했다.

라마수 석상을 지나 안으로 들어서면 라기스의 함락 부

조물이 있다. 라기스는 지중해를 따라 예수살렘으로 올라가는 길목에 위치한, 푸르른 자연과 비옥한 땅을 기반으로 일찍이 사람들이 모여든 도시다. 여호수아 10장에는 아시리아 샤르곤 왕의 아들 산헤립이 라기스를 정복하고 남쪽으로 내려오면서 예루살렘을 점령했다는 내용이 적혀 있다. 라기스의 함락 부조물은 성경 속에 나오는 이 산헤립의 정복 장면을 성벽에 묘사해 놓은 것이다. 당시 라기스의 모습을 파악할 수 있는 것은 물론, 아시리아인들의 전투 기술과 2700년 전 군인들의 복장, 무기 수준 등을 알 수 있다.

전시관에서 흥미를 돋우는 역동적인 작품은 왕의 사자 사냥이라는 부조물이다. '중동에 무슨 사자가?'라는 생각이 들 수 있지만, 약 3000년 전의 이집트는 사막이 아닌 초원 지대였다. 그 때문에 민가에 사자가 출몰하는 경우가 많았고 사람과 가축을 해치는 사자는 악의 화신이라는 이미지가 강했다. 그래서 아시리아 왕들은 주기적으로 사자를 사냥하는 행사를 개최했다. 초원에 나가 사자와 용감하게 맞서 싸우는 모습은 아니었다. 병사들이 사자를 몰아 넣으면 왕이 멋지게 등장해 사자를 사냥하는, 일종의 스포츠 퍼포먼스였다.

왕과 궁전 사람들은 이 사냥 장면을 부조로 구성해 궁

전 벽을 장식했다. 왕의 전지전능함을 과시하고, 궁전을 방문하는 외국 사신들에게 아시리아 왕권의 강력함과 국력을 보여 주기 위해서였다. 왕이 한 손으로 사자의 멱살을 움켜쥐고 다른 손에 든 칼로 사자의 배를 찌르는 장면은 현실성이 떨어진다. 하지만 사자와 사슴을 거침없이 제압하는 모습에서 왕의 뛰어난 승마 기술과 강력한 힘을 느낄 수 있다. 처절하게 죽어가는 사자의 모습도 매우 정교하게 묘사되어 아시리아인들의 조각 기술까지 미루어 짐작할 수 있다. 왕의 사자 사냥 옆방에는 잠수 도구 등 당시로서는 믿기 힘든 놀라운 무기들이 가득하다. 3000년 전의 사람들이 얼마나 강력한 힘을 바탕으로 거대한 왕국을 건설했는지 짐작할 수 있다.

눈의 착시를 극복한 건축물

영국 박물관의 파르테논 전시관은 규모 면에서 압도적이다. 기원전 400년대 그리스 아테네에 지어진 신전의 부조물과 조각 상당수가 이곳에 전시되고 있어서다. 가장 먼저 알아볼 전시품은 파르테논 신전이다.

파르테논 신전의 기단[6]은 높이가 일정하지 않다. 중앙의

---

6 건축물이 자리한 터보다 한 층 높게 쌓은 단이다.

높이가 양쪽 끝보다 10센치 가량 높게 설계되어 있다. 그래서 지붕을 떠받치는 기둥의 높이도 제각각 다르다. 이에 대해 전문가들은 플라톤이 이야기한 이데아 속의 완벽함, 본질을 현실 세계에 표현하려 했던 그리스인들의 야망이 깃든 결과라고 말한다.

우리 눈의 망막은 곡선으로 이뤄져 있다. 그래서 사물을 바라볼 때 왜곡 현상이 일어나는데, 그리스인들은 인간의 눈이 일으키는 착시를 극복하기 위해 일부러 기단 높이를 다르게 설계했다는 것이다. 그 덕에 파르테논 신전은 시각적으로 완벽한 균형미를 자랑하지만 내부 실용성은 의문을 남긴다. 파르테논 신전이 애초에 인간의 착시 현상까지 계산되어 만들어졌는지에 대해서는 논란이 진행 중이나, 아직까지는 그리스인이 추구했던 이상향과 철학을 바탕으로 신전이 건설되었을 것이라 보는 시각이 적지 않다.

파르테논 신전은 아테네가 페르시아와의 전쟁에서 승리 후 자신들의 우월감 즉, 인간 이성의 우월감을 과시하기 위해 건축한 것이다. 하지만 세월이 흐르면서 아테네를 정복했던 이교도들과 이방인들의 욕심으로 일부가 훼손되었다. 17세기에는 오스만 제국이 파르테논 신전을 화약 창고로 사용하던 중, 베네치아 군대의 공격으로 연쇄 폭발이 일

어나면서 지붕과 기둥도 일부 날아가버렸다. 영국 박물관은 이렇게 최소한의 모습으로 남아 있는 파르테논 신전을 보존하고 있다.

엘기니즘이라는 변명 혹은 공공선

파르테논 신전이 파르테논 전시관에서 논쟁의 여지를 남기는 존재라면, 엘긴 조각은 영국 박물관 전체의 뜨거운 감자다. 엘긴 조각은 역사적으로 문화재 약탈을 거론할 때 빠지지 않고 등장하는 유물이기 때문이다.

영국 박물관이 18세기 신고전주의 영향으로 파르테논

신전과 유사한 모습으로 건축된 것처럼, 유럽의 신고전주의 유행은 19세기 초에도 계속되고 있었다. 당시 오스만 제국의 영국 대사였던 토마스 부르스, 엘긴 경은 파르테논 신전의 다양한 조각과 부조물을 가지고 영국으로 돌아왔다. 이때 그리스는 오스만의 지배를 받고 있었기 때문에, 엘긴 경은 그리스 정부가 아닌 오스만 관리들에게 허가서를 받아야 했다. 이에 따라 영국 박물관에는 파르테논 전시관이 만들어졌고, 조각과 부조물들은 그 안에 정착하게 되었다.

파르테논 신전에서 떨어져 나온 조각과 부조물의 65퍼센트는 현재 그리스가 아닌 다른 나라에 흩어져 있다. 그런데 가장 많은 조각과 부조물이 이 영국 박물관에 안에 소장되어 있다. 1983년 이후 그리스 정부는 끊임없이 영국에 문화재 반환을 요구하고 있지만, 영국은 그리스의 관리 및 전시 역량의 부족을 이유로 요구를 거부하고 있다. 문화재를 돌려받고자 하는 그리스와 계속 소유하고자 하는 영국의 대립이 지속되고 있는 상황이다. 영국 박물관의 파르테논 신전은 단순히 누가 조각을 소유하고 있는가의 문제를 떠나, 문화재 환수 대립 관계를 상징하는 케이스다.

엘긴 경의 문화재 운반은 몇 가지 사회적 용어를 낳았다. 대표적인 것이 18~19세기에 서구 열강이 약소국을 식민지화하고 그들의 문화재를 착취한 행위를 일컫는 엘기니즘Elginism이다. 피해국의 문화재 반환 요구에 대한 강대국의 대응과 변명을 '엘긴 변명'이라 하며, 영국 박물관에 전시된 파르테논 신전의 조각과 부조물은 '엘긴 조각'으로 불린다.

영국 박물관을 모두 보고 나왔다면 꼭 한 번 고개를 돌려 건물을 다시 한 번 올려다보자. 파르테논 신전과 흡사한 이 건축물이 문화재 관리와 약탈 사이에서 어떤 입장에 가까운지, 과연 나는 문화재의 전이 혹은 반환 중 어느 표현에 더 무게를 싣고 있는지 생각해볼 기회가 될 것이다.

"박물관을 다 보려면 몇 시간이 필요한가요?"

　방문객들에게 많이 듣는 질문이다. 그때마다 어떻게 대답해야 할지 고민하게 된다. 정해진 답은 없다. 시간적 여유와 관심사에 따라 달라지는 것이 박물관의 관람 시간이니까. 누군가는 몇 년을 둘러봐도 계속 궁금증을 안은 채 박물관을 찾을 수 있고, 또 누군가는 30분만 보아도 원하는 답을 얻어갈 수 있을 것이다. 어떤 선택을 하더라도 손해를 보는 일은 없다. '모든 것은 대중을 위한 것'이라는 영국 박물관의 철학은 언제든 누구에게든 유효하니까.

6
존 손 박물관

건축 천재의 이기적인 유언이 낳은,
1837년에 멈춰버린 집

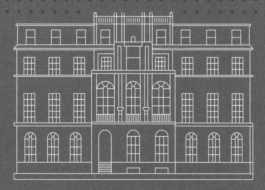

그림을 설명하는 일을 직업으로 가진 나에게 많은 분들이 런던에 와서 어느 박물관에 가면 좋을지 묻는다. 처음엔 신이 나서 대답했지만 시간이 흐르면서 약간의 곤혹스러움이 생겼다. 똑같은 곳을 자꾸 이야기하다 보니 스스로 답답함을 느꼈고, 새로운 미술관을 탐방해보고 싶다는 욕구도 차올랐다.

이런 고민을 하고 있을 때 건축가로 일하는 지인이 한 박물관을 추천해 주었다.

"유명 건축가의 소장품으로 채워진 곳인데 자기 집을 박물관으로 개조한 거야. 보면 깜짝 놀랄걸?"

나는 곧장 런던 링컨스 인 필즈에 있다는 박물관으로 향했다. 사실 뭐 그리 특별한 게 있을까 싶었다. 하지만 실제로 박물관을 돌아본 뒤의 충격은 엄청났다.

외관은 평범한 저택이었다. 그러나 안으로 들어서자, 한 사람이 모았다고는 상상할 수 없을 만큼 수많은 작품이 나를 맞았다. 한 명이 간신히 통과할 만큼 비좁은 복도에도 예술품이 빼곡했다. 독특하게도 작품에는 캡션이 붙어 있지 않았다. 집주인의 희망에 따라 처음 공개될 때부터 안내서를 가지고 다녀야만 작품에 대한 정보를 알 수 있다고 했다. 혹은 전시실마다 배치된 직원에게 문의하는 방법도 있는데, 여기서 나는 또 한 번 놀라고 말았다.

내 경험에 의하면 유럽 박물관에 배치된 직원들은 작품의 위치나 건물 구조에 대한 답변 정도는 들려줄 수 있지만, 전시품 하나하나에 깊은 지식을 갖고 있지는 않다. 하지만 저택을 개조해 만든 이곳의 직원들에게 궁금한 점을 물었을 때, 그들의 대답은 놀라울 정도로 전문적이었다. 더욱 인상적인 건 태도였다. 열정적으로 답하는 그들의 눈빛에는 진정으로 도움이 되고 싶다는 마음, 일에 대한 즐거움, 보람 같은 감정이 고스란히 느껴졌다. 같은 일을 하는 사람으로서 나는 뒷통수를 맞은 것처럼 머리가 얼얼했다.

문득 이런 생각이 들었다. 이 박물관의 설립자와 직원들은 몇백 년의 시간차를 뛰어넘는, 예술에 대한 사랑을 공유하고 있는 게 아닐까? 이 지독한 뮤지엄 피플로 구성된 곳이 지금부터 소개할 존 손 박물관이다. 존 손. 알고 보니 그는 18세기와 19세기 영국이 배출한 최고의 건축가였다. 그에 대해 알면 알수록 이 박물관이 지닌 정체성이 분명하게 다가왔다. 영국 최고의 건축가이자 열정적인 수집광이면서, 쏟아지는 예술품을 감당하지 못해 자신의 집을 아예 박물관으로 개조해버린 괴짜. 존 손 박물관의 거의 모든 것이라 할 수 있는 존 손은 과연 어떤 사람일까?

집을 박물관으로 개조한 천재 건축가

1753년, 존 손은 런던에서 멀지 않은 버크셔에서 태어났다.

벽돌공의 아들로 일찍부터 예술에 두각을 드러냈고, 15세가 되던 해 왕립 미술 학교의 건축과에 입학하면서 런던으로 이주했다. 그가 살았던 18세기 말과 19세기 초는 유럽에 신고전주의 열풍이 불던 시기였다. 존 손이 성장할 무렵에는 고전을 재현하거나, 고전 양식을 18세기 예술에 접목한 건축 스타일이 크게 유행했다. 유럽을 여행하다 보면 삼각형의 구조를 기둥이 떠받들고 있는 그리스 신전 형태의 건물을 많이 보게 된다. 언뜻 수백 년의 세월을 간직한 축조물 같지만, 사실 대부분 고전 스타일을 재현하고자 했던 18세기의 유산들이다.

26세가 되던 해, 존 손은 장학금을 받고 이탈리아를 여행하는 그랜드 투어의 기회를 잡았다. 내내 책으로만 공부하던 고전 건축물과 로마 유적들을 실제로 볼 수 있는 기회였다. 이탈리아 여행은 신고전주의 시대에 태어나 신고전주의 양식에 관심을 가질 수밖에 없었던 존 손에게 굉장히 중요한 자양분이 되었다.

그로부터 10년 뒤, 존 손은 36세에 잉글랜드 중앙은행인 영란은행Bank of England의 건축가로 임명되었다. 그는 화려하지만 실속이 없는 왕과 귀족의 건축물을 답습하고 싶지 않았다. 그가 원했던 건 혁신적이고 새로운 디자인, 은행의

기능을 살린 실용적인 건물이었다. 이런 의지에 따라 영란은행은 당시 영국인들의 눈에는 무척 생소한 모습을 갖추게 된다.

존 손은 당시의 국가적인 건축이라면 으레 그랬듯 벽을 파내고 줄무늬를 새기거나 화려한 조각을 붙이는 대신, 장식을 간소화하고 외벽을 심심하리만치 편편하게 처리했다. 그리고 외벽의 창문을 없애버렸다. 건물 자체를 튼튼한 요새처럼 만들어 시민의 자산이 최대한 안전하게 관리될 수 있도록 한 것이다. 완공된 영란은행은 존 손 최고의 걸작품이라는 찬사를 얻고, 존 손은 영국을 대표하는 건축가로 부

상했다.

런던 동쪽에 위치한 덜위치 픽처 갤러리[이하 덜위치] 또한 존손의 작품이다. 덜위치는 세계 최초로 미술관을 목적으로 설계된 미술관이다. 잠깐, 의문을 느낄 수 있다. 19세기 유럽에 이미 많은 미술관이 존재했고 심지어 루브르는 13세기에 축조된 건물인데 난데없이 세계 최초로 미술관을 목적으로 설계된 미술관이라니.

사실 덜위치 이전의 모든 미술관은 왕궁과 도서관 등 다른 목적으로 설계된 역사를 가지고 있다. 그러다가 시간이 지나면서 미술관으로 용도 변경이 된 케이스라면, 덜위치는 처음부터 미술관을 염두에 두고 만들어졌던 곳이다. 존 손은 이곳 또한 그림 감상이라는 목적에 걸맞게, 벽면에 최대한 많은 그림을 전시할 수 있도록 창문을 최소화했다.

어느덧 54세가 된 존 손은 왕립 미술 학교의 건축과 교수로 임명되는 영광을 누린다. 그의 공로를 인정한 영국 왕실은 1831년에 그에게 기사 작위까지 하사했다. 영국 건축계에 상징적인 발자취를 남긴 존 손이 공들여 만든 또 다른 걸작은 바로 자신의 집, 존 손 박물관이다.

작품에 캡션이 없는 이유

존 손 박물관은 법조인과 법률 사무소가 몰려 있는 런던의 링컨스 인 필즈에 위치한다. 존 손은 1792년부터 차례차례 이 지역의 12번지와 13번지 저택을 구매했다. 처음부터 박물관을 목적으로 구매했던 것은 아니었다. 하지만 점점 수집품이 늘어나자 이를 보관하고 전시할 공간이 필요했다. 13번지 저택 구매와 함께, 존 손은 본격적으로 박물관 계획을 세운다. 13번지 뒷마당에 건물을 증축하고 이를 14번지로 등록하면서 지금의 박물관이 완성되었다.

존 손은 사람들을 집으로 초대해 자신의 수집품을 보여주기를 좋아했다고 한다. 물론 입장료는 받지 않았다. 비가

오거나 날씨가 좋지 않을 때는 집을 개방하지 않았는데, 집과 작품이 더러워지는 걸 극도로 꺼려 했던 그의 완벽주의적인 성격을 짐작할 수 있다.

1833년, 자신이 죽으면 집과 예술품을 국민에게 기부하겠다는 존 손의 제안이 의회에 통과되었다. 단, 조건이 있었다. 작품의 배치를 바꾸지 않고, 자신이 사망했을 때의 모습 그대로를 영원히 보존해야 한다는 것이었다. 그 결과 우리는 존 손이 사망한 1837년 런던의 고급 주택 실내를 그대로 볼 수 있는 행운을 얻었다. 1837년 이후 존 손 박물관에는 새로운 작품의 추가도, 배치의 변경도 없었다.

작품 옆에 캡션이 붙어 있지 않은 이유도 이런 맥락에서 이해할 수 있다. 자신의 집에 마음에 드는 작품을 걸어 놓으면서 작가의 이름이나 제목을 부착하는 경우는 흔치 않을 것이다. 나의 취향으로 가득찬 집이 아닌 갤러리처럼 보일 테니 말이다. 존 손 박물관은 1837년에 시간이 멈춰 있는, 당대 가장 유명한 건축가의 가장 사적인 취향을 엿볼 수 있는 곳이다.

존 손의 저택에는 '마법의 집'이라는 수식어가 따라붙는다. 미로 같은 구조, 비밀스러운 작품들, 신비로운 돔 천장과 붉은 도서관. 게다가 이집트부터 로마, 고딕, 르네상스,

신고전주의를 아우르는 방대한 역사의 조각들이 공간을 가득 채우고 있기 때문이다. 미술관의 통념과 규칙을 벗어난 자유로운 큐레이션, 예술에 대한 환상심, 무엇보다 한 예술 애호가의 순수와 열정을 느끼고 싶다면 주저없이 가보아야 할 곳이다.

정시가 되면 액자가 정체를 드러내는 마법의 방

입구에 들어서자마자 우리를 맞이하는 방은 다이닝 룸과 도서관을 함께 꾸민 공간이다. 먼저 벽에 걸린 남자의 초상이 눈에 들어온다. 붉은 배경에 검은색 정장을 입은 남자가 인자한 표정을 하고 있다. 영국 귀족과 왕실 가족의 초상화가로 유명했던 토마스 로렌스 경이 그린 존 손의 초상이다.

런던 윈저성의 워털루 챔버 연회장에는 28점의 전신 초상화가 걸려 있다. 1815년, 나폴레옹을 역사의 뒤안길로 보내고 워털루 전쟁에서 승리한 영국 주역들의 얼굴을 묘사해 놓은 것이다. 이 초상화를 그린 주인공이 바로 토마스 로렌스다. 로렌스는 왕립 미술 학교의 학장이기도 했던 만큼 교수였던 존 손과도 잘 아는 사이였다. 이렇게 대단한 업적의 화가가 그린 초상화라니, 존 손의 사회적 지위를 가늠해 볼 만하다.

이 방의 또 다른 특징은 빨간 벽이다. 존 손이 폼페이를 방문했을 때 가져온 붉은 빛의 벽 조각에서 영감을 받아 디자인했다고 한다. 방은 18세기, 19세기에 유행한 백과사전을 비롯해 다양한 책으로 둘러싸여 있다. 고대 그리스의 와인 용기인 암포라 자기, 당시의 과학 기술력을 증명하는 천문 시계 등 흥미를 자극하는 물건들 역시 가득하다.

이 방을 지나면 아침 식사 방과 돔 지역이 나온다. 두 공간 모두 천장을 돔으로 만들었는데, 고전에 대한 존 손의 사랑을 읽을 수 있다. 유럽에서 최초로 돔을 사용한 건축물은 무려 2000년 전의 로마 판테온 신전이다. 그러나 기원후

330년 고대 로마의 콘스탄티누스 황제가 동로마 제국 비잔티움으로 수도를 옮기면서 돔 설계에 일가견이 있는 장인들을 모조리 데리고 가는 바람에, 약 1,000년 동안 중세 서유럽에서는 돔 양식의 건축물을 볼 수 없었다.

15세기가 되어서야 돔 양식은 서유럽에 다시 들어올 수 있었는데, 건축가 필리포 브루넬레스키가 판테온 신전을 열심히 연구한 뒤 이를 피렌체의 산타마리아 델 피오레, 우리에게는 두오모 성당으로 익숙한 건물에 이식하며 부활시킨 것이다. 이때부터 18세기까지 유럽에선 크고 작은 건물에 돔을 접목시키는 것이 유행처럼 번졌다. 두오모 성당은 돔 설계에 있어 후대 건축가들에게 영향을 준 르네상스 시기의 대표적인 건축물이다. 유럽에서 돔으로 된 지붕을 본다면, 고전에 대한 이상을 표출하고자 했던 르네상스와 신고전주의 시대의 산물임을 기억해 주면 좋겠다.

돔 지역 안으로 좀 더 가까이 들어가면 저절로 눈길이 가는 것이 있다. 투명한 유리 돔 천장에서 은은하게 쏟아지는 노란빛이다. 이 역시 그리스 로마에 대한 존 손의 사랑을 느낄 수 있는 부분이다. 이탈리아를 여행할 당시 존 손은 로마의 무너진 건물과 오래된 돌들이 석회빛을 띤다는 것을 발견했다. 여기서 영감을 받은 존 손은 로마를 옮겨다 놓은 듯한 느낌을 연출하기 위해, 빛이 자연스럽게 투과되는 유리로 돔을 처리하고 노란빛을 덧대 돔 지역의 천장을 완성했다.

이 천장 아래로 존 손이 수집했던 고전 시대의 파편들과 도자기가 빼곡하게 진열되어 있다. 그중 주의 깊게 봐야 할 수집품이 고대 그리스의 유명 건축물 다수를 떠받치고 있는 3대 기둥 양식이다. 각각 그리스 지역의 이름을 따 와 도리아식, 이오니아식, 코린트식 기둥이라 부른다.

이 세 기둥은 머리 부분의 장식으로 구별된다. 도리아 양식은 기역자` 형태로 꺾인 보도블록처럼 직선적이고 간소하며, 위로 갈수록 장식이 가늘어진다. 반대로 이오니아 양식은 양끝이 말려 있어 우아한 느낌을 준다. 마지막 코린트 양식은 아칸서스 잎이 피어나는 것처럼 화려한 모양을 띤다. 참고로 로마 콜로세움을 보면 1층이 도리아식, 2층이 이오니아식, 3층이 코린트식 기둥으로 구성되어 있다. 이 외에도 세 기둥 양식은 아테네 신전들과 영국 박물관, 링컨 기념관 등 고대와 근현대에 걸쳐 다양한 건축물에 사용되고 있다.

돔 지역의 난간 쪽에는 대리석으로 조각된 존 손의 흉상이 있다. 흉상은 사자 위에 올라가 있고 그 양쪽으로 르

Riva degli Schiavoni, 1730, Antonio Canaletto

네상스의 거장 미켈란젤로와 라파엘로가 있다. 르네상스를 대표하는 건축가와 화가를 옆에 둠으로써, 그들과 동등하게 기억되고 싶은 존 손의 야심이 느껴진다. 흉상 맞은편에는 바티칸 박물관에서 실제와 같은 크기로 카스트^{Cast}해 온 아폴론 조각상이 있다. 활시위를 당기는 듯한 아폴론 조각상은 고전이 추구해 온 남성미의 정점을 표현한 작품이다.

이처럼 돔 지역은 고전의 건축, 예술, 그리고 아름다움을 동경했던 존 손의 진심과 취향으로 가득찬 곳이다. 그는 왕립 미술 학교의 교수로서 신고전주의 건축이 얼마나 고전과 르네상스의 전통을 따르고 있는지 강조해 가르쳤기 때문에, 그와 관련된 많은 조각과 도자기도 만날 수 있다.

개인적으로 내가 가장 좋아하는 공간은 다음으로 나오는 그림 방이다. 방에 들어서자마자 베네치아의 전경이 시선을 사로잡는다. 베네치아 출신의 화가 카날레토의 '리바 델리 스키아보니'라는 작품이다. 앙리 3세는 16세기 베네치아를 방문하고 난 뒤 "내가 프랑스 왕이 아니었다면 베네치아 시민이 되었을 것"이라는 말을 남긴 바 있을 정도로, 베네치아는 예부터 방문객의 환상심을 충족시키는 도시였다.

18세기 그랜드 투어를 떠났던 영국인들에게도 베네치아는 매력적이었다. 정밀하고 신비한 도시 계획에 깊은 인상을 받은 이들은 영국으로 돌아와 자신이 받은 감상을 열심히 설명했지만, 아무도 쉽게 믿으려 하지 않았다. 그러자 베네치아의 아름다운 풍경이 그려지기 시작하고 이 그림들은 점차 인기를 얻게 되는데, 이중에서 가장 사실적으로 베네치아를 묘사했던 화가가 카날레토다.

그는 지금 베네치아 하면 우리의 머릿속에 자동으로 떠오르는 아름다운 이미지를 만든 장본인이라고 해도 과언이 아니다. 여유롭고 이색적인, 동화 같은 비일상적 아름다움을 간직한 물의 도시, 베네치아를 말이다. 카메라도 엽서도 없었던 18세기에 존 손이 베네치아를 소유할 수 있는 유일한 방법은 그림을 구매하는 일이었을 것이다. 그는 그림을 집에 걸어 놓음으로써 자신이 몸소 느꼈던 베네치아의 강렬한 인상을 기억하려 했던 게 아니었을까.

카날레토의 그림도 매력적이지만, 내가 그림 방을 좋아하는 진짜 이유는 따로 있다. 지금부터 이 방의 하이라이트가 시작된다. 쏟아질 듯 많은 그림을 전시하고 싶었던 존 손은 이 방의 한쪽 벽을 캐비닛으로 설계했다. 그림이 잔뜩 걸려 있는 오른쪽과 왼쪽 벽 끝에 경첩을 달았다. 이 경첩을 슬며시 당기면 벽이 창문처럼 반으로 열리면서, 그 안으로 또 다시 벽이 나타난다. 그 안쪽의 벽에도 겹겹이 액자가

걸려 있다. 박물관은 정시가 되면 이 벽을 열어 관람객에게 내부에 있는 그림들을 소개한다. 마치 마법사의 비밀 금고 같은 특별한 전시 경험을 하고 싶다면, 존 손 박물관의 그림 방과 정시라는 키워드를 꼭 기억해 두기를 바란다.

반면 지하에는 지금까지 살펴본 것과는 생경한 느낌의 소장품이 있다. 존 손 박물관의 보물, 고대 이집트 파라오의 석관이다. 기원전 1200년대의 인물 세티 1세가 잠들어 있던 석관으로 관의 표면에는 고대 이집트인들이 새긴 상형문자가 생생히 남아 있다. 영혼이 저승으로 떠나는 여정을 설명한 장례서 'The Book of Gates'의 내용이다. 관을 지키는 수호신 뱀 조각도 함께 새겨져 있는데, 3000년 전 이집트인들이 가졌던 사후 세계관과 뛰어난 조형미를 느낄 수 있다. 존 손은 재미있게도 이 석관 옆에 실제 미이라를 배치했다. 방금 석관에서 막 꺼낸 듯한 현실감과 생동감을 주기 위해서다. 사소한 배치에도 그의 재치와 열정을 느낄 수 있는 흥미로운 박물관이다.

다음으로 지하에서 추천하는 작품은 코르크 나무로 만든 모형 신전이다. 현재 로마 신전 중 거의 유일하게 완전한 모양으로 남아 있는 포르투나 비릴레 신전을 본뜬 작품이다. 포르투나 비릴레 신전은 해안가에 위치해 뱃사람들이 항해를 안전하게 끝낼 수 있도록 행운을 비는 장소였다고 한다. 존 손은 아내와 큰아들에게 행운을 기원하는 마음으로 이 모형 신전을 만든 것으로 전해진다. 박물관 곳곳에선 존 손이 직접 그린 설계도도 함께 볼 수 있다. 독특한 전시 방법과 예술품뿐만 아니라 인테리어, 심지어 설계도를 통해서도 집주인의 존재감과 숨결을 느낄 수 있는, 전 세계 어디에서도 보기 드문 특별한 장소라는 생각이 든다.

지극히 사적이라 지독히 심미적인 박물관

존 손 박물관을 찾는 여행객은 많지 않다. 영국인에게도 그리 유명한 곳은 아니다. 건축학도나 특별한 박물관, 유물 등에 관심이 있는 사람들이 알음알음 찾아가는, 약간의 문턱이 존재하는 곳이 존 손 박물관이다. 하지만 이 작고 개인적인 공간은, 18세기 영국의 발전하는 사회상과 경제력을 바탕으로 예술에 대한 일반 대중의 관심이 얼마나 높았는지 여실히 보여 주는 상징적인 공간이다. 한 사람이 정성 들여 모은 수집품을 아무런 대가 없이 대중과 나눈 장소라는 점에서도 의의가 크다. 지극히 사적인, 작은 버전의 영국 박물관이라고 이해한다면 훨씬 가깝게 존 손 박물관을 탐험해볼 수 있을 것이다.

존 손 박물관은 다이닝 룸에서 저녁 식사 기회를 제공한다. 물론 사전 예약은 필수다. 예약 시 메뉴를 상의할 수 있다고 하니 관심이 있다면 홈페이지를 참고하기 바란다. 박물관 건너편에는 왕립 재판소Royal Court of Justice가 있고, 도보로 이동할 수 있는 곳엔 존 손의 역작인 영란은행이 있다. 영란은행 안의 박물관을 통해서도 화폐 제도의 발전과 금융의 역사를 살펴볼 수 있으니, 일거양득의 뮤지엄 투어를 경험할 수 있을 것이다. 박물관 근처 왕립 재판소와 영란은행을 천천히 걸어보며, 런던 중심부와 또 다른 링컨스 인 필즈의 운치를 마음껏 느껴보는 건 어떨까.

7

테이트 브리튼

증기를 내뿜는 기차는
어떻게 영국 예술을 바꿨나?

런던에 한번도 방문하지 않았던 사람도 테이트 모던이라는 이름은 익숙할 것이다. 그리고 미술에 별로 관심이 없는 사람이라도 테이트 모던이 현대 예술을 전시하는 공간이라는 것쯤은 대부분 알고 있다. 아마도 테이트 모던이 2000년 밀레니엄 프로젝트의 일환으로 탄생하면서, 수많은 사람에게 강렬한 인상을 남겼고 입소문을 타면서 런던 여행객의 필수 코스로 자리매김했기 때문일 것이다.

 템즈강변이라는 위치, 밀레니엄 브릿지를 두고 이어진 웅장한 건물. 테이트 모던은 명성 못지 않게 꼭 방문할 가치가 있는 조건들을 두루 갖추고 있다. 그런데 이번에는 테이트 모던이 아니라 카메라 렌즈의 초점을 뒤로 쭉 잡아당겨 영국에 뿌리내리고 있는 다른 '테이트'에 대한 이야기를 해보려 한다. 영국에는 테이트 모던뿐 아니라 테이트라는 이름을 사용하는 세 개의 미술관이 더 존재한다. 1985년과 1993년에 각각 문을 연 테이트 리버풀과 테이트 세인트아

이브스, 그리고 지금부터 소개할 테이트 브리튼이다.

사실 테이트 브리튼은 내 관심 밖의 미술관이었다. 19세기 영국에서 활동한 젊은 예술가들의 그림이 걸려 있다는 것 정도만 알고 있었을 뿐, 그 외의 배경지식은 전무했다. 하지만 어느 순간 테이트 브리튼을 반드시 알아야 한다는 생각이 꽂혔다. 이건 하나의 직업의식이었다. 런던을 방문하는 사람들에게 이 미술관만큼은 꼭 안내해야겠다는 사명감 같은 것이었다. 전 세계에서 유일하게 영국 화가들의 작품으로 빼곡히 채워진, 영국 미술의 발전을 한눈에 볼 수 있는 전시장이어서다.

테이트 브리튼은 상대적으로 영국 뮤지엄 해설에서 뒷전으로 밀린다. 고대부터 현대에 이르는 유럽의 대표 회화들이 이미 영국 박물관, 국립 미술관, 테이트 모던 등에 포진해 있고, 특정한 문화 양식이나 미적 감각을 느끼고 싶다면 V&A, 코톨드 갤러리, 월레스 컬렉션과 같이 색깔이 뚜렷하고 개성 넘치는 미술관을 찾으면 되기 때문이다. 하지만 영국에 와서, 런던에서 태동한 런던만의 예술을 알고 싶다면 테이트 브리튼을 빼놓고는 이야기하기 곤란하다. 그중에서도 영국의 국민 화가 윌리엄 터너, 그리고 19세기 혈기 왕성한 영국 젊은이들이 탄생시킨 예술 운동 라파엘 전파를 가장 풍부하게 만날 수 있는 곳이 테이트 브리튼이다.

설탕 재벌의 달콤씁쓸한 기부

테이트 브리튼은 템즈강을 사이에 두고 런던의 은밀한 랜드마크인 MI6[7]와 마주보고 있는 신고전주의 건물이다. 그러나 시작부터 완성형이었던 것은 아니다. 테이트 브리튼은 본래 헨리 테이트란 사람의 소장품으로 채워졌던 곳이다. 초기작이 63점에 불과한, 미술관으로 불리기에는 다소 부족한 갤러리였다.

1819년에 태어난 테이트는 설탕업으로 막대한 부를 축적하고, 그 부를 사회에 환원한 박애주의자였다. 그러나 동전의 양면처럼 테이트에게도 역사의 멍에가 씌워져 있었다. 노예들의 노동력을 착취했다는 점이 이슈가 되면서다. 테이트는 삼각무역을 활용해 큰돈을 벌었다. 생산된 공산품을 아프리카 흑인들과 맞바꾼 후 이 흑인들을 미국에 되팔아넘기면서 이익을 쌓았다. 이렇게 벌어들인 돈으로 미술품, 특히 19세기 영국 예술가들의 작품을 수집했다.

그는 국립 미술관에 자신의 수집품을 기부하고 싶다는 의사를 밝혔지만 공간 부족의 이유로 거절당했다. 그러자

---

7   MI6은 영화 007 시리즈에 나오는 제임스 본드의 소속 정보 기관이다.

테이트는 자비 8만 파운드^{약 1억 2천만원}로 기금 단체를 만들고 직접 자금을 모아 미술관을 세웠다. 위치는 템즈강변의 밀뱅크, 교도소가 있던 자리였다. 교도소가 철거된 자리에 국립 미술관의 주도로 테이트 브리튼, 당시에는 테이트 갤러리란 이름으로 미술관이 세워졌다. 초기작 63점과 국립 미술관이 지원한 컬렉션으로 기틀을 갖춘 뒤, 1897년 문을 열었다.

100년 넘게 템즈강변에 굳건히 자리를 지키던 테이트 갤러리에 변화가 찾아온 건 2000년이 도래하면서다. 당시 영국에선 1985년의 테이트 리버풀, 1993년의 테이트 세인트아이브스의 성공을 잇는 동시에 밀레니엄을 기념하고자 테이트 모던의 건립을 추진했다. 이에 따라 테이트 갤러리가 소장하고 있던 국제적인 작가의 작품은 테이트 모던으로 옮겨지고, 갤러리에는 순수 영국 작가의 작품이 남게 되었다. 얼마간 템즈강변의 미술관은 테이트 갤러리라는 이름을 유지했지만, 점점 '가장 영국적인 미술관'이라는 명확한 정체성을 갖게 되면서 브리튼이란 새 이름을 얻었다.

테이트 브리튼은 교도소 자리에 들어선, 국립 미술관의 지원으로 간신히 구색을 맞춘 미술관으로 시작했다. 하지만 시간이 흐르며 그 어느 곳보다 영국다운, 영국 미술의 대중화에 앞장서는 미술관으로 자리 잡았다. 20세기 영국 최고의 조각가 헨리 무어와 바바라 헵워스의 작품을 만나 볼 수 있는 곳이기도 하니, 일단 런던에 왔다면 테이트 브리튼을 방문하지 않을 이유가 없다.

영국의 18세기에는 '어떤 낭만'이 흐른다

테이트 브리튼에는 유독 낭만주의 화가들의 작품이 많다. 낭만주의와 영국, 18세기와 터너, 라파엘 전파. 알쏭달쏭한 이 키워드들의 상관관계를 이해하려면 17세기 유럽으로의 여행이 필요하다. 17세기 유럽에서 가장 진보적인 성장을 거둔 나라는 네덜란드였다. 네덜란드는 자국에서 만든 배로 아시아, 아메리카, 아프리카의 물건들을 들여와 이를 유럽에 되팔면서 어마어마한 이익을 쟁취하고 있었다. 특히 유럽에서 볼 수 없었던 아시아 향신료 무역을 독점하다시피 하며 유럽의 해상 무역을 장악해 나갔다. 네덜란드의 상승세가 못마땅했던 영국은 1651년, 항해조례를 발표했다.

항해조례의 주요 내용은 다음과 같았다. '앞으로 영국에 물건을 팔기 위해선 원산지에서 제조한 배를 이용할 것. 원산지에서 제조한 배가 아니라면 반드시 영국에서 만든 배에 물건을 싣고 영국항에 들어와야 할 것. 영국 및 영국 식민지와 교역할 때는 배에 영국인이 절반 이상 타고 있어야 하며, 네덜란드 수입품에 관세를 매길 것.' 사실상 네덜란드와의 교역을 고의적으로 금지하겠다는 선언이나 다름없었다. 뛰어난 선박 건조 기술을 갖고 있던 네덜란드로서는 가장 큰 시장이던 영국을 잃을 위기에 처했다. 이에 네덜란드는 영국과 세 차례에 걸쳐 전쟁을 치르게 된다. 이 전쟁이 영란 전쟁이다.

전쟁의 승리는 영국으로 돌아갔다. 패전과 함께 네덜란드에는 짙은 그림자가 드리워졌다. 경제적으로도, 문화적으로도 그랬다. 예술이 발전하기 위해서는 자금을 갖춘 후원자가 필수적인데 전쟁 이전까지의 네덜란드는 그 조건을 완벽히 충족하고 있었다. 경제가 급속도로 발전하면서 일반 시민이 경제 주체로 부상했고, 이들은 예술 영역에까지 막강한 영향력을 행사했다. 역사, 신화, 성경적 서사 구조가 빠진 자리에 일반인과 그들의 삶이 들어와 회화 세계를 풍성하게 했다. 그러나 전쟁 패배와 함께 짧았던 황금 시대는 막을 내렸다. 네덜란드는 쇠퇴의 길로 접어들었다. 화려하게 꽃피웠던 예술계도 그만 저물고 말았다. 17세기 중반부터 19세기에 고흐가 나오기 전까지, 네덜란드는 예전과 같은 명성과 부를 누릴 수 없었다.

반면 해상 무역의 강자로 올라선 영국에서는 반대의 상황이 전개되었다. 단 한 번도 빛을 발한 적 없던 영국 예술계에 장밋빛 앞날이 펼쳐진 것이다. 사회에 돈이 돌자, 영국 태생의 화가들이 두각을 나타내기 시작했다. 이들 중 상당수가 낭만주의 화가들이었다. 18세기는 낭만주의와 신고전주의가 대립하던 시기다. 신고전주의의 모태는 16세기 르네상스로 거슬러 올라간다. 16세기 유럽을 강타했던 고전주의 붐이 200년간 미술계를 장악하면서 신고전주의로 이어졌다. 영국 박물관도, 테이트 브리튼도 건물 외양이 신고전주의 양식을 띠고 있는 것은 이들 모두 18세기의 유산이기 때문이다.

반면 낭만주의는 그에 대한 반동으로 일어난 새로운 예술 흐름이었다. 신고전주의가 고대 그리스 로마의 역사를 기리고 이성, 질성, 사실성, 절제를 미덕으로 여겼다면, 낭만주의는 이성보다는 주관을, 엄격한 절제미보다는 격정적인 감정을 추구했다. 특히 1789년에 일어난 프랑스 대혁명은 이런 낭만주의의 태동에 기름을 부은 것이나 다름없었다. '인간은 합리적 동물'이라는 종전의 믿음을 깨부숴버린 역사적 사건이었기 때문이다.

인간의 비합리성을 깨달은 예술가들은 이성을 거부하

고 감정에 충실한 문화를 만들어보고자 했다. 그들은 낭만주의에서 해답을 찾았다. 낭만주의 시대의 작가들은 사실적 묘사에 치중하기보다 각자의 느낌이 깃든 풍경, 역사나 성경의 한 장면 등을 환상적이고 자유분방하게 화폭에 담았다.

두 예술 사조의 대결에서 누가 승기를 잡았느냐고 묻는다면, 당시로서는 신고전주의의 완승이었다고 할 수밖에 없다. 오랜 시간 고전이 유럽을 지배해 왔고, 이미 너무 많은 고전주의자가 기득권으로 올라섰던 상황이기에 애당초 승리가 정해진 승부였다. 하지만 낭만주의는 그 나름대로 유의미한 결과를 냈다.

예컨대 예술 사조가 시작할 때는 항상 문학이 선두에 서는데, 낭만주의를 대표하는 소설은 《레미제라블》과 《노틀담의 꼽추》였다. 《레미제라블》의 주인공은 멸시받는 사회 하층민 장발장이다. 《노틀담의 꼽추》에서도 사회 계급의 밑바닥에 있는 콰지모도라는 종치기 꼽추와 창녀가 사랑을 나눈다. 현실에 있을 수는 있으나 결코 문학적 소재가 될 수 없던 일이었다. 기성세대가 만들어 놨던 성역과 댐이 와르르 무너져 내린 것이다. 낭만주의는 사회에 대한 저항이었다. 테이트 브리튼은 이런 성격을 가진 낭만주의 화가들의 성지가 된 곳이다.

찰나의 순간을 잡아내 빛 속으로 던진 화가

그렇게 낭만주의 시대가 와서야 비로소 유럽 미술사에 영국 화가의 이름이 등장한다. 우리가 접할 수 있는 그 첫 번째 화가는 아마도 윌리엄 호가스일 것이다. 호가스는 18세기 영국 귀족의 허세와 도덕적 타락을 위트 있게 표현하면서 대중적인 인기를 얻은 화가다. 다음으로는 영국 낭만주의의 선구자이자 시인, 화가였던 윌리엄 블레이크 정도가 미술사에 등장하는 이름이다. 두 화가가 포문을 연 18세기를 마무리하며 시계는 19세기를 향해 흐른다. 영국 예술계에 봄바람이 불고 있었고, 그즈음 영국이 배출한 최고의 화가가 나타난다. 풍경화의 새로운 가능성을 보여 준 인상주의의 대부, 윌리엄 터너다.

터너는 1775년, 런던에서 이발사의 아들로 태어났다. 어려서부터 그림에 천부적인 재능을 보였는데, 아버지가 운영하는 이발소에 그림을 전시하면 그 그림이 판매될 정도였다고 한다. 그의 재능은 곧 왕립 미술 학교의 귀에도 들어갔다. 터너는 27살의 나이에 왕립 미술 학교 최연소 정회원으로 발탁되었다.

터너가 미술사에 남긴 업적은 풍경의 재발견과 빛의 묘사라는 부분이다. 그는 어려서부터 자연을 스케치 삼아 그림을 그렸다. 하지만 풍경화는 고전적으로 비주류에 속했던 장르였다. 이 역시 역사화만을 1등급 그림으로 치부했던 아카데미의 입김이 작용한 결과였다. 고전을 추구하는 아카데미는 항상 화가들에게 현실의 비참함이 아니라 완벽한 세상, 이데아를 이야기하기를 강조했다. 신고전주의 그림에 이상적인 자연이나 신전이 등장하고, 사람들이 그 신전에 모여 토론하는 모습이 자주 목격되는 것은 이런 이유 때문이다. 풍경화는 역사화나 종교화에 비해 저평가되었던 게 사실이었고, 설사 그려지더라도 이상적이고 아름답게 포장되거나 혹은 사진처럼 사실적이어야만 인정받을 수 있었다.

터너는 기존에 통용되던 풍경화의 문법에 자신의 주관을 섞었다. 화가들이 그림을 그릴 때 일반적으로 가장 의존하는 신체 기관은 눈이다. 눈을 통해 사물을 본다. 19세기 이전까지 화가들은 정확하고 사실적으로 사물을 재현하는 데 최선을 다했다. 하지만 터너는 '본다'는 것의 정의를 바꿔버렸다. 그에게 영감을 준 건 자연의 변화무쌍함과 영국 사회를 깜짝 놀라게 한 신문물인 기차였다.

풍경이란 보통 움직이지 않는 것이란 인식이 강하다. 하지만 터너는 시속 90킬로미터로 달리는 기차에 올라탔을 때 차창 밖으로 보이는 풍경이 그전과는 완전히 달라지는 것을 느꼈다. 그는 스쳐지나가는 풍경을 눈에 보이는 대로 그리기 시작했다. 기차가 너무 빨리 달리는 바람에 어떤 사물은 마무리도 채 짓지 못하고 희미하게 묘사해야만 했다. 국립 미술관에 전시된 '비, 증기, 속도[62페이지 그림 참고]'에서 이를 확인할 수 있다.

터너는 일생 동안 결혼을 하지 않았다. 그래서 사후 유언에 따라 작품 대부분이 국가에 기증되었고, 테이트 브리튼은 전 세계에서 유일하게 터너관을 갖게 되었다. 테이트 브리튼의 터너관을 따라 걷다 보면 시대별로 터너의 화풍이 어떻게 달려졌는지 한눈에 볼 수 있다. 터너는 데뷔 초기 프랑스 화가 클로드 로랭의 영향을 받아 목가적인 풍경을 주로 그렸다. 그러다 점차 숭고한 자연에 역사적 사건을 곁들이는 방식으로 변화했다.

미술계 기득권은 역사화나 종교화가 아닌 자연으로 캔버스를 꽉 채운 낭만주의 그림을 좋아하지 않았지만, 터너의 작품만은 예외였다. 터너는 자연을 다루면서도 그 안에 역사적이고 신화적인 이야기를 매칭해 왕립 미술 학교의 입맛을 만족시켰다. 1812년 작 '눈보라 : 알프스를 넘는 한니발과 그의 군대'가 대표적이다.

터너는 여행을 많이 한 화가였다. 이탈리아를 방문할 때마다 넘었던 알프스는 그에게 큰 감동을 선사했다. 그림 속 눈보라 치는 알프스 능선에 희미하게 코끼리 코가 보인다. 사실 형체를 확실히 판별할 수 없지만, 코끼리의 코를 실루엣 처리해 그려진 사물이 코끼리임을 유추할 수 있다. 그림 전경에 묘사된 사람들과 대조하면 상단부에 휘몰아치는 자연의 위력은 실로 대단해 보인다.

이 그림의 제목은 '눈보라 : 알프스를 넘는 한니발과 그의 군대'다. 자신이 보고 느낀 알프스의 웅장함에, 군대를 이끌고 산을 넘는 한니발 장군의 역사적 이야기를 절묘하게 결합시킨 터너의 대작 중 하나다. 가장 큰 특징은 영웅 한니발을 찾을 수 없다는 점이다. 보통의 역사화는 사건이나 인물이 주인공이지만, 터너는 그 틀을 무시하고 오로지 자연의 위대함에 초점을 맞췄다.

19세기 유럽에는 실증 과학의 발달로 과학을 신봉하는 집단이 등장했다. 그들은 과학이 자연을 정복할 수 있다는 시대적 오만함에 사로잡혀 있었고, 이를 그림에 표현하는 경우가 많았다. 터너는 정반대의 가치관을 가진 사람이었다. 역사적으로 그렇게 중요한 인물로 평가되는 한니발조차

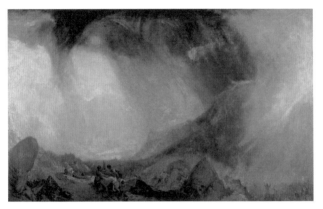

Snow Storm : Hannibal and his Army Crossing the Alps, 1842,
William Turner

알프스의 눈보라 앞에선 보이지 않는 작은 존재에 불과함을, 인간이 얼마나 나약한 존재인지를 강조하고 싶었다.

터너의 자연 숭배는 산과 눈보라로 끝나지 않았다. 잉글랜드 도버에서 프랑스 칼레까지 가는 연락선에 자주 몸을 싣고 바다를 관찰했던 그는, 어느 날 폭우가 몰아치는 바다에 마음을 빼앗겼다. 성난 바다를 사실적으로 묘사하기 위해 돛대에 자신을 묶고 바다를 관찰할 정도로 열정을 보였다. 그는 이를 '난파선'이란 작품으로 남겼다.

1830년대, 화가 인생의 중반을 넘어가면서 터너의 작품 세계는 빛의 묘사로 물든다. 시시각각 변하는 빛처럼, 자연의 다양한 모습이 그의 눈에 담겼다 사라졌다. 터너는 순간 순간 느꼈던 아름다움을 주관적인 형태와 색으로 묘사했다. 예를 들어 1845년에 그린 '노엄성, 일출'은 신비로움과 경이로움을 동시에 품은 작품이다. 노엄성은 잉글랜드 북동쪽에 위치한 성으로, 터너가 이 성을 바라봤을 때는 해가 막 뜨기 시작할 즈음인 듯하다. 해가 성 위로 올라오고 성 앞의 강이 빛을 받으며 오색으로 물든다. 터너는 이 찰나를 잡아내 자신이 바라본 풍경을 주관적으로 표현했다. 인상주의의 첫 단추가 끼워지고 있었다.

18세기와 19세기는 다양한 화파가 공존했던 시기다. 신

The Shipwreck, 1805, William Turner

고전주의와 낭만주의가 혼재했고, 그 한편으로 사실주의가 있었다. 현실에서 잘 보이지 않고 경험해보지도 않은 역사를 상상에 의존해 이상적으로 그리는 낭만주의에 저항해 사실주의가 도래했다. 터너는 사실주의에 주관이 개입된 '비, 증기, 속도'와 '노엄성, 일출'이라는 명작을 남겼다. 그 이후 주관성이 깃든 풍경화는 미술계에 선명한 흔적을 남기기 시작했다.

인상주의의 창시자로 불리는 모네는 1870년에 런던에 왔을 때 존 컨스터블과 터너의 그림을 모사하며 공부했다고 한다. 특히 모네에게 가장 큰 충격을 안긴 작품이 '비, 증기, 속도'와 '노엄성, 일출'인 것을 보면, 터너는 후대 인상주의의 발전에 지대한 영향을 미친 것이나 다름없다. 터너는 기득권이 지배했던 폐쇄적인 문을 지나 주관과 풍경화로 통하는 새로운 문을 열어 준 주인공이다. 인상주의의 주요한 특징, 바로 사물을 주관적으로 본다는 개념은 터너로부터 시작되었다.

애덤 스미스의 뒤를 잇는 20파운드 모델

터너의 중요도와 인기는 영국 화폐에 등장하는 것만으로도 충분히 설명된다. 영국은 지폐의 권종마다 10년 주기로

Norham Castle, Sunrise, 1845, William Turner

등장 인물을 바꾼다. 앞면은 항상 군주가 등장하고 뒷면에는 시대마다 중요하다고 판단한 위인을 삽입한다. 터너는 2020년부터 새롭게 발행되는 20파운드의 지폐 모델로 선정되었다. 이전 20파운드권의 모델은 경제학자 애덤 스미스였다.

터너에 대한 영국의 자부심은 터너상으로도 이어진다. 테이트 브리튼은 터너를 기리기 위해 1984년에 터너상^{Turner Prize}을 제정했다. 50세 미만의 젊은 영국 작가들을 대상으로, 한 해 동안 가장 주목할 만한 전시나 예술 활동을 보여 준 작가에게 수여하는 상이다. 매년 5월에 네 명의 작가를 선정하고, 10월부터 두 달간 테이트 브리튼에서 그들의 작품을 전시한 뒤, 12월에 수상자를 선정한다. 영국 최고의 권위를 가진 터너상의 수상자는 세계적인 주목을 받을 수 있는 계기를 얻는다.

1991년부터는 방송사에서 시상식을 중계하며 대중에게도 친숙한 상이 되었다. 덕분에 터너상은 난해하다는 평을 받는 현대 미술의 대중화에도 큰 역할을 하고 있다. 우리에게 익숙한 데미안 허스트를 비롯해 안토니 곰리, 아니쉬 카푸어 등이 역대 터너상의 영예를 안았다.

시대를 거슬러, 시대를 대표한 작은 거인들

라파엘 전파는 낭만주의와 동시대에, 보다 정확히는 낭만주의가 한차례 미술계를 휩쓴 뒤 곧바로 영국에서 유행한 화파다. 전성기가 10년이 안 될 정도로 짧기 때문에 영국 외에선 그림을 찾아보기가 쉽지 않다.

경제와 과학은 물론, 정치, 교육, 철학 등 모든 것이 순식간에 바뀐 18세기 태풍의 눈 속에서도 여전히 바뀌지 않은 분야는 예술이었다. 예술계는 예전의 방식을 고수하며 철옹성 같은 세계관을 밀어붙이고 있었다. 특히 부익부빈익빈으로 점점 세력을 키워 가던 부르주아의 영향력은 상상 그 이상이었다. 낭만주의의 분위기가 흐르고 있었지만, 부르주아들은 여전히 고전을 숭배했다. 고전 예술에 발목이 잡혀 르네상스의 거장들을 숭배했고, 역사화와 성경을 주제로 한 그림을 선호했다.

여기에는 왕립 미술 학교의 초대 회장인 조슈아 레놀즈의 존재감 또한 무시할 수 없었다. 레놀즈는 영국 화단을 좌지우지할 만큼 막강한 영향력을 가진 미술계의 기라성이었다. 왕립 미술 학교는 고전을 부활시켜 이상적인 완벽함을 추구했던 이탈리아 르네상스를 최고로 대우했고, 그 중에서도 레오나르도 다 빈치, 미켈란젤로와 함께 르네상스 3대 거장으로 불리는 라파엘로를 최고의 예술가로 칭송했다. 라파엘로를 모방한 작품이야말로 최고의 작품이라고 추켜세웠다.

이런 예술계에 정면으로 도전한 젊은이들이 있었다. 윌리엄 홀먼 헌트, 존 에버렛 밀레이, 단테 가브리엘 로세티. 기껏해야 열아홉에서 스무 살에 불과한 세 젊은이는, 영국의 기득권이 과거에 집착해 새로운 회화 양식에 도전하지 못하고 진부한 예술을 이어 나가고 있다고 생각했다. 특히 '그림은 이렇게 그리는 것이다'라는 왕립 미술 학교의 주입식 가르침에 큰 반발심을 가지고 있었다. 1848년에 세 청년은 라파엘로 이전^{Pre-Raphaelites}으로 돌아가 좀 더 순수한 예술을 만들어보자는 취지로 라파엘 전파[8]라는 그룹을 결성했다. 여기에 평론가, 화가, 조각가들이 합세하면서 라파엘 전파는 7인의 형제단으로 발전했다.

라파엘 전파는 르네상스 이전의 중세에서 진정한 아름다움과 숭고함을 느꼈다. 그래서 중세 문학과 신화 속에서 사랑, 열정, 신의와 같은 주제를 선택해 그림을 그렸다. 이들은 신과 신이 창조한 세계도 이상적으로 표현하려 하지

---

8   라파엘 전파의 '전'은 '이전(前, pre-)'을 의미한다. 하지만 일본어 번역을 그대로 가져오면서 '전파하다(傳, spread)'라는 의미로 오독되는 경우가 많다.

Ophelia, 1851–2, John Everett Millais

않았다. 자연과 사람을 즐겨 그리고 강렬한 색채를 사용하며, 고전 예술이 추구하던 가치를 하나씩 파괴해 나갔다.

라파엘 전파는 곧 100명의 회원으로 확대되었다. 더 이상 반항적인 젊은이들이 모여 형성된 풋내기들의 모임이 아니었다. 낭만주의를 뒤이어 발전한, 영국 화단을 이끄는 하나의 거대한 예술 흐름이었다. 라파엘 전파는 느슨한 연대를 표방했지만 자신만의 원칙을 만들어 공유했고, 그림 뒷면에는 PRB^{Pre-Raphaelite Brotherhood}라는 표식을 남기기도 했다.

라파엘 전파 선언문
1. 예술을 표현하기 위해 진심 어린 생각을 가질 것.
2. 자연을 어떻게 표현해야 하는지 알기 위해 자연을 신경 써서 연구할 것.
3. 이전의 예술에서 관습적이고 자기 과시적이며 주입적인 것들을 제외하고 직접적이고 진지하며 진심 어린 것과 교감할 것.
4. 이 선언 중 가장 중요한 건, 철저하게 좋은 그림과 조각을 만들 것.

테이트 브리튼은 이렇게 철두철미한 규율을 바탕으로

Christ in the House of His Parents, 1850, John Everett Millais

한 라파엘 전파의 인기작이 즐비한 미술관이다. 특히 밀레이의 그림을 여러 점 만날 수 있다. 그는 라파엘 전파의 선언대로 자연을 유심히 관찰해 그림을 그렸는데, 대표적인 작품이 '오필리아'다. 오필리아는 셰익스피어 작품 《햄릿》의 등장인물이다. 남자친구 햄릿이 자신의 아버지를 살해했다는 사실을 알고 충격을 받아 강에 몸을 던지며 스스로 생을 마감한 비운의 여인이다.

이 애절한 주제를 선정한 뒤 밀레이는 6개월 동안 야외를 관찰하고 식물도감을 뒤져가며 자연을 연구했다. 그 결과 영국의 시골 풍경과 냇가 바닥에 자라는 수초까지 치밀하게 묘사할 수 있었다. 이 그림을 그리기 위해 물이 가득한 욕조에 모델을 몇 시간 동안 눕혀 놓기도 했는데, 그 바람에 모델이 감기로 고생했다는 기록도 있다. 고상한 기득권을 거부하고 자신만의 철칙을 따라 예술을 만들어 갔던 젊은 작가의 진정성이 엿보인다.

'부모 집에 있는 그리스도'는 밀레이가 세례 요한, 요셉, 마리아, 그리고 어린 예수가 집에 있는 모습을 라파엘 전파 스타일로 묘사한 작품이다. 보통 그리스도가 등장하는 그림은 장소든 인물이든 신성하게 그려지기 마련이다. 그러나 밀레이의 그림은 전혀 성스럽지 않다. 집으로 표현된 장소는 목공소이고 인물들의 행색은 남루하다.

밀레이는 당시 거리에서 흔히 볼 수 있었던, 지극히 평범한 목수 가족을 모델로 설정했다. 그리스도 가족의 신분을 전부 노동자로 드러냈다는 건 19세기 영국의 사회적 분위기를 반영한 것이기도 하다. 사회주의의 태동으로 새로운 인식을 얻은 노동자, 과학이 발전하면서 예전의 지위를 누릴 수 없게 된 교회의 입장 등 라파엘 전파는 단순히 사실적이고 서민적인 그림만이 아니라, 급변하는 시대상까지 그리고자 했다.

그러나 결과적으로 라파엘 전파의 메시지는 급진적이고 당혹스러운 도전이었다. 결국 이들은 10여 년 만에 반동분자로 분류되어 비난을 받으며 해체 수순을 밟았다. 역사는 오래가지 않았지만, 라파엘 전파는 미술사에 의미 있는 족적을 남겼다. 기성 예술과 기득권에 대한 저항 저신을 용감하게 표현했고, 자신들만의 예술 세계를 잘 묘사했다. 라파엘 전파를 계기로 프랑스에는 인상주의가, 비엔나에는 빈분리파가 기성 예술에 대한 저항으로 독창성을 표출했다. 이처럼 라파엘 전파는 19세기 유럽 시대정신의 시발점이 되었다.

여기까지 테이트 브리튼의 정수인 낭만주의, 윌리엄 터

너, 라파엘 전파에 대해 알아보았다. 말도 많고 탈도 많고 유난히 소용돌이쳤던 18세기 영국의 대서사시를 빠르게 훑고 지나왔다. 많은 작품을 소개했지만 그 하나하나를 깊게 보는 일만큼이나 중요한 포인트가 있다. 18세기 영국이라는 나라에 흘렀던 분위기와 감정을 이해하는 일이다.

급변하는 사회를 바라보는 불안하면서도 기대감에 차오른 시선. 기득권과 종교, 과학에 대한 자신의 입장을 바로 세우며 새로운 예술 운동에 깃발을 꽂았던 사람들. 영화를 보는 것처럼 그 시대의 영국 속으로 들어가 예술계의 개척자 혹은 이단아들, 시민들에 자신을 대입해볼 수 있다면, 마냥 복잡하게만 느껴졌던 서양 미술사의 일면이 차곡차곡 정리되는 느낌을 받을 수 있을 것이다. 나아가 테이트 브리튼이 영국의 자부심에 지대한 영향을 끼친 미술관이라는 사실까지 공감할 수 있다면 좋겠다.

8

테이트 모던

모던 작가의 아리송한 작품에는
뾰족한 메시지가 숨어 있다

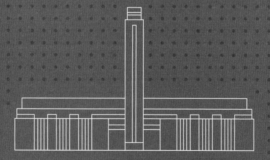

테이트 모던에 대한 이야기는 귀에 못이 박히도록 들었지만, 선뜻 발길이 닿지는 않았다. 현대 미술은 나에게도 좀처럼 다가가기 어려운 분야였다. 마음으로 느끼고 감정이 동하기에는 아직 깨야 할 벽이 두텁게만 느껴졌다. 미술관이 어떤 모습을 하고 있는지는 진작에 알았다. 템즈강변에 솟은 높다란 굴뚝을 매일 봐 왔으니까.

그런데 테이트 브리튼에 대한 일종의 사명감 같은 것이 생기면서, 자연스럽게 관심은 테이트 모던으로 흘렀다. 테이트 갤러리가 품은 미술관이라면 단순히 밀레니엄 프로젝트의 일부라는 이유로, 혹은 매스컴에 자꾸 노출되기 때문에 유명한 것은 아닐 거라는 생각이 들었다. 마음의 문을 열자 테이트 모던의 개관 소식을 처음 접했을 때 느꼈던 호기심이 튀어 올랐다. 폐발전소를 미술관으로 개조했다니. 극과 극의 두 공간 아닌가?

테이트 모던은 우리가 익히 아는 고풍스럽고 화려한 미

술관과는 거리가 멀다. 그도 그럴 것이, 테이트 모던의 전신은 한때 상당량의 전기를 만들어 냈던 템즈강 남쪽 뱅크사이드 지역의 화력 발전소이기 때문이다. 발전소는 2차 세계 대전 직후 런던에 전력을 공급하기 위해 준공되었는데, 1980년대 석유 파동을 겪으면서 문을 닫고 이후 20년간 산업 폐기물로 방치되었다. 버려진 발전소가 있는 황폐한 지역에 관광객이나 근처 주민이 방문하는 일은 거의 없었다.

이렇게 도시의 흉물로 전락한 건물에 관심을 가진 사람들이 있었으니, 바로 테이트 재단이다. 테이트 재단은 발전소를 새롭게 단장해 미술관으로 개관한다는 발표와 함께 리모델링 현상 공모를 진행했다. 네덜란드의 렘 콜하스, 일본의 안도 다다오 등 세계적인 건축가들이 도전장을 내밀었지만, 미술관의 도안은 스위스의 젊은 건축가 듀오 헤르조그와 드 뫼롱이 차지하게 되었다.

이들은 완전히 새로운 모습으로 발전소를 탈바꿈하기보다 '변하는 것과 변하지 않는 것의 공존'이라는 철학을 내세웠다. 건물 상부에 불투명 박스 형태를 증축해 발전소의 원형을 그대로 보전했고^{높다란 굴뚝과 길게 배치된 창문이 남아 있는 이유다}, 내부도 발전소 특유의 심미적인 부분을 살리면서 미술관의 기능이 돋보이도록 했다. 이듬해 두 사람은 건축계에서 가장 영예로운 프리츠커상을 수상했다.

변하는 것과 변하지 않는 것의 공존. 이 철학이 뻗쳐 있는 영역은 비단 테이트 모던만이 아니다. 테이트 모던 건너편에는 영국의 르네상스-바로크 건축 양식의 백미이자 유구한 역사를 간직한 세인트 폴 대성당이 있다. 템즈강을 사이에 두고 한쪽은 중세 유럽의 종교 사회를 상징하는 교회가, 그 건너에는 산업 혁명과 과학의 시대를 대표하는 발전소 건물이 마주보고 있는 것이다. 게다가 이 발전소는 2000년을 맞아 세계에서 가장 유명한 현대 미술의 온실로 변신했다.

이렇게 뜻깊은 장소를 그냥 놔둘 런던 사람들이 아니다. 종교와 과학, 과거와 현대를 상징하는 두 장소를 밀레니엄 브릿지로 연결했다. 영국 건축의 대가 노먼 포스터 경[9]이 키를 잡고서, 현수교의 줄을 일반 다리처럼 수직으로 배치하는 대신 사선으로 배치해, 다리를 건너는 사람들이 두 건물의 경관을 모두 시야에 담을 수 있도록 했다. 이렇듯 테이트 모던을 둘러싼 환경 덕분에 테이트 모던은 더 다채롭고 역동적인 의미를 갖게 되었다.

테이트 모던은 다른 미술관처럼 시대 및 사조별로 전시

9   영국 박물관의 그레이트 코트를 건축한 바로 그 인물이다.

관을 나누지 않는다. 예술가와 사회^{Artist and Society}, 작업실에 서^{In the Studio}, 소재와 사물^{Materials and Objects}, 미디어 네트워크 ^{Media Networks}라는 네 가지 주제로 전시관을 구성한다. 각각의 전시관을 들여다보는 일도 좋은 공부가 되겠지만, 여기서 우리는 테이트 모던을 이루고 있는 배경과 정신에 더 집중해보려고 한다. 테이트 모던의 정신과 거기서 촉발된 큐레이팅을 이해하는 일은, 종종 난해하다는 평을 받는 20세기 예술에 한 발짝 가까워지는 길이 될 테니 말이다.

전쟁이 파괴하고, 전쟁이 일으킨 세계관

테이트 모던은 20세기 이후의 작품을 전시한다. 예술은 시대의 거울이라는 말이 있는 것처럼, 테이트 모던을 관람하기 전에 20세기 유럽의 상황을 이해해야 한다. 1815년 이후 유럽에는 100년의 평화가 찾아왔다. 벨 에포크, 유럽의 아름다운 시절이다. 미술계에는 모네와 마네, 고흐와 고갱 같은 인상주의 화가들이 등장했다. 나름의 사회적 시선을 갖고 있었지만, 그나마 평온한 세상을 살았던 이들의 그림에는 다른 시대의 그림에 비해 사랑스러움이 가득했다. 자연과 사람, 일상의 여유로운 풍경이 담겼고, 아름다운 색과 빛이 연등처럼 반짝거렸다. 19세기 인상주의 그림은 그 어느 시대의 그림보다 풍요롭고 따뜻했다.

영원할 것 같던 벨 에포크는 1914년 1차 세계 대전의 발발과 함께 끝이 났다. 산업 혁명 이후 일어난 1차 세계 대전은 그전까지의 전쟁과는 형태도, 규모도 달랐다. 무기가 기계화되었다. 하늘에서 폭격이 날아들고 바다에선 잠수함이 충돌했다. 유럽은 큰 혼돈에 휩싸였다. 그리고 2차 세계 대전이 터졌다. 양차 세계 대전은 유럽인들이 세상을 바라보는 관점, 특히 예술을 바라보고 이해하는 태도를 180도 바꾸었다. 전쟁이 남긴 상흔에 가장 커다란 충격을 받은 부류는 지식인들이었다. 프랑스 대혁명 이후 태어나 100년의 평화로운 시간을 보내는 동안 점진적으로 쌓아온 믿음, 인간은 합리적이고 이상적인 존재라는 이들의 굳건한 믿음은 뿌리째 흔들렸다.

전쟁은 이 믿음을 산산이 부숴버렸다. 이성적으로 돌아가던 사회 기능이 마비되고, 만천하에 나치의 만행과 아우슈비츠 수용소가 공개되었다. 사람들은 경악했다. 인간 이성의 힘을 믿었던 작가와 음악가, 건축가, 화가들이 느꼈던 회의감은 이루 말할 수 없었다. 이제 그들의 눈에 비친 세상은 너무도 난해하고 복잡했다. 서양 예술이 추구했던 아름다움과 이성에 대한 의심이 싹트기 시작했다. 인간이 정말

합리적이고 도덕적이며 그림에 표현된 것처럼 아름답다면, 20세기의 혼란과 공포는 있어서는 안 되는 것이었다. 결국 20세기 예술가들은 이런 결론에 도달하게 된다. '인간은 결코 합리적이지도 도덕적이지도 아름답지도 않은 존재다.'

이 시점부터 새로운 움직임이 펼쳐졌다. 작가는 작가대로, 음악가는 음악가대로, 화가는 화가대로 그동안 아름답다고 여겨 온 기준을 거부하고 자신이 사는 혼돈의 세상을 묘사하기 시작했다. 작가들은 메시지가 분명한 글, 기승전결과 끝맺음이 확실한 글의 법칙을 파괴했다. 삶의 공허함, 환멸감, 모순된 인간의 모습을 부각한, 흐름이 부자연스러운 부조리극을 써나갔다.

클래식은 쇼팽, 멘델스존, 드뷔시, 차이코프스키 등이 연주했던 서정적이고 아름다운 선율에서 벗어나 의도적으로 듣기 거북하고 난해한 방향으로 변했다. 스트라빈스키, 쇤베르크 등으로 대표되는 20세기 음악가들은 음악의 규칙과 형식에 반항하는 방식으로 인간의 불안한 심리와 긴장감, 무력감, 충동 등을 표현했다. 건축물의 형태는 외형의 아름다움을 강조하기 위한 곡선의 장식적 부분이 사라지고, 실용성을 중시한 직선 위주로 바뀌었다.

그림도 마찬가지였다. 형체를 깨버리고 과감한 시도가

Still Life with Apples, circa 1878, Paul Cezanne

이어졌다. 이 모든 이유는 분명했다. 예술가들이 살았던 시대가 시각적으로 아름답지 못했기 때문이다. 그들은 자신의 내면에서 일어나는 감정에 집중했다. 여기서 20세기 예술의 가장 두드러지는 특징이 발견된다. 대상을 보지 않고, 내면의 감정을 다양한 방법과 재료로 묘사했다는 점이다.

특히 미술계에선 예술로 현실을 탈피하거나 치유하고자 하는 움직임이 나타났다. 이런 움직임은 신조형주의, 초현실주의, 개념 미술, 추상표현주의라는 새로운 예술 사조로 발전하기에 이른다. 바로 지금부터 소개할 테이트 모던을 이루는 주된 전시 키워드들이다.

네모반듯한 그림과 계획 도시 뉴욕의 상관관계

본질이란 무엇일까? 철학적으로 파고든다면 무척 복잡하겠지만, 다행히 우리에게는 서양 미술사가 있다. 시대와 작가의 화풍에 빗대어 이해한다면 좀 더 수월하게 본질에 접근할 수 있다. 서양 미술사는 르네상스 이후 19세기까지 500년간 재현 미술을 추구했다. 입체적인 사물과 깊이 있는 현실의 공간을 평면인 캔버스에 얼마나 그럴싸하게 묘사하느냐의 싸움이었다. 소실점은 오직 하나이고, 그걸 기준으로 원근법을 적용해야만 3차원의 현실이 표현될 수 있었다.

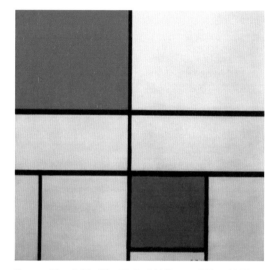

Composition C (No.III) with Red, Yellow and Blue, 1935,
Piet Mondrian

그런데 19세기 중후반에 세잔이 나타났다. 세잔의 눈에 우리가 보는 이미지는 사물이 갖고 있는 여러 모습 중의 하나였다. 세잔은 인간의 눈은 사진처럼 고정되어 있지 않다는 것을 간파하고, 사물이 가지고 있는 다양한 이미지를 묘사하려 했다. 그는 평생에 걸쳐 수도 없이 사과를 그렸는데, 세잔의 사과는 다양한 각도에서 본 여러 개의 이미지가 합쳐져 있기도 하고, 일그러져 있거나 색이 분명하지 않기도 했다.

세잔이 공간과 사물에 대한 주관성을 처음 회화에 적용했을 때 사람들은 그가 무엇을 하려는지 잘 몰랐다. 하지만 피카소는 달랐다. 세잔의 그림을 마주한 뒤 '아, 사과를 아니, 사물을 저렇게 주관적으로 묘사할 수도 있구나.'라는 깨달음을 얻었다. 피카소는 공간과 사물의 주관성을 확대해 표현하기 시작했다. 이제서야 사람들은 피카소의 독특한 그림에 주목했다. 그리고 뭔가 다르다는 것을 느꼈다.

테이트 모던에는 피카소로 대표되는 입체주의 그림이 많이 걸려 있다. 사물의 여러 면을 표현하기 위해 서로 다른 각도에서 바라본 이미지를 독립적으로 캔버스 위에 묘사한 화풍이라는 것을 이해한다면, 입체주의가 어렵게만 느껴지지는 않을 것이다. 입체주의는 '하나의 소실점'이라는 한계를 뛰어넘어 서양 회화의 세계를 더욱 풍성하게 만드는 데 핵심적인 역할을 했다고 할 수 있다.

이런 시대가 지나가고 전쟁이 일어났다. 종전의 예술과 미의 기준에 환멸을 느낀 작가들은 최대한 선배 예술가들과 다른 방향으로 그림을 그리려 노력했다. 르네상스 이후 500년 동안 예술가들에게 꽃이 아름다운 이유를 물으면, 그들은 한결같이 꽃이 가진 유려한 곡선과 화려한 생김새 때문이라고 답했다. 반면 20세기 예술가들은 이렇게 생각했다. 곡선의 아름다움과 화려한 외형을 좇은 결과가 처참한 전쟁이라면, 그 외의 다른 것을 추구해야 한다고. 그때부터 본질에 대한 연구가 본격적으로 시작되었다. 이 본질 연구의 선두 주자가 되었던 사람이 네덜란드의 피에트 몬드리안이다.

몬드리안은 들판, 강물, 풍차 등 처음에는 차분한 인상주의 풍경을 그리다가 차츰 입체주의의 영향을 받았다. 그러던 중 1차 세계 대전이 터졌다. 참혹한 광경을 목격한 몬드리안은 큰 충격을 받았다. 이때부터 폐허가 된 시대를 바로잡기 위해 외형적 아름다움이 아닌, 본질적 아름다움을 추구해야 한다는 강력한 목적의식을 갖게 된다. 그래서 몬드리안은 친구 테오 반 되스버그와 뜻을 합쳐 1917년에 잡지 '데 스틸De Stijl'을 발행했다.

데 스틸은 '더 스타일The Style', 양식이란 뜻이다. 이름에서 알 수 있듯 데 스틸 운동가들은 형태와 색에 대한 자신들만의 고유한 원칙을 세웠다. 먼저 그들은 형체의 본질을 직선으로 정의했다. 자연이 아름다워 보이는 이유는 표면의 곡선 때문이지만 이는 단순히 시각적인 것에 지나지 않으며, 지구상 모든 사물의 본질적인 형태는 직선으로 이루어져 있다고 보았다. 또한 색의 본질을 빨강, 노랑, 파랑에 더해 밤과 낮을 상징하는 검정, 흰색으로 정했다. 데 스틸은 자신들의 고유한 미학과 이념에 신조형주의라는 이름을 붙였다. 그리고 회화, 건축, 실내 장식, 디자인, 가구 등 다양한 예술 분야에 신조형주의적 관점이 적용될 수 있다고 강조했다.

이제 우리는 몬드리안을 이해하기까지 8부 능선을 넘었다. 그렇다면 한발 더 나아가 근원적인 질문에 다가가보자. 몬드리안과 테오는 왜 면과 선의 형태를 정의하고, 삼원색을 강조하며, 이를 신조형주의라 명명하면서 자신들의 그림 세계를 고집했을까? 데 스틸이라는 그룹을 결성하면서까지 세상에 내고 싶었던 목소리는 무엇이었을까?

두 사람은 사람들의 삶을 바꾸고 싶었다. 전쟁으로 모든 게 무너졌으니 새로운 세상을 만들겠다는 것이었다. 그

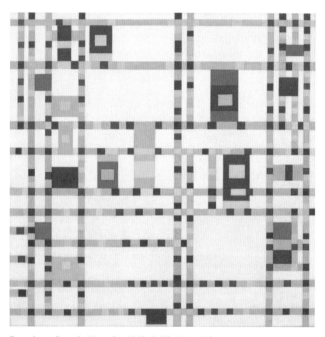

Broadway Boogie Woogie, 1942–3, Piet Mondrian

러기 위해선 세상에 있는 모든 사물을 새롭게 정의할 필요가 있었다. 이들의 궁극적인 목표는 '규칙과 규율이 존재하는 새로운 유토피아'였다. 얼핏 기하학적으로만 보이는 몬드리안의 그림에는, 더 이상 외형적 아름다움에 현혹되지 말고 본질에 집중해 세상을 바로 세우자는 의지가 반영되어 있다. 전쟁 같은 혼돈의 시대가 다시는 오지 않기 바라는 마음이 신조형주의를 탄생시킨 것이다.

전쟁 전의 입체주의가 예술적, 회화적으로 사물의 본질을 표현한 것이라면, 전쟁 중 나타난 신조형주의는 단순히 회화만을 겨냥하지 않았다. 신조형주의는 본질 추구라는 목적을 삶의 전반적인 영역으로 확대했다. 그 영향을 받은 대표적인 분야가 건축이었다. 신조형주의 운동은 독일의 건축 디자인 학교 바우하우스에 커다란 영향을 미치며 우리가 살고 있는 21세기 디자인의 원형이 되었다.

이제부터 예술, 특히 건축은 눈부신 혁명을 거치게 된다. 19세기까지 서양 사회의 건축물은 재력과 사회적 지위를 보여 주는 상징물이었다. 과거 유럽인들이 실용성과는 별개로 아름다운 조각과 금박으로 건물을 장식했던 이유다. 단번에 떠올릴 수 있는 좋은 예는 프랑스의 베르사유 궁전이다. 그러나 세계 대전 이후 신조형주의에 영향을 받

Metamorphosis of Narcissus, 1937, Salvador Dalí

은 건축가들은 직선 위주의 실용성을 중심으로 건물을 쌓아올렸다.

이런 신조형주의 운동에 의해 만들어진 도시가 바로 뉴욕이다. 바둑판처럼 정비된 도로, 직선으로 하늘 높이 솟은 건물은 20세기의 상징과도 같다. 몬드리안은 수직 수평의 도시인 뉴욕을 유독 사랑했다. 뉴욕에서 영감을 받아 '뉴욕 시티' 시리즈와 '브로드웨이 부기 우기'라는 작품을 남기기도 했으니, 뉴욕에 대한 그의 애정이 어느 정도였는지 짐작할 만하다.

이처럼 21세기의 근본에는 전쟁이 바꾼 세계관이 있다. 아파트가 만들어진 이유도 신조형주의 운동의 연장선으로 이해하면 20세기 현대 예술이 우리 삶과 얼마나 밀접하게 연결되어 있는지 실감할 수 있다. 나는 아파트의 도면을 볼 때마다 항상 몬드리안이 떠오른다. 차가운 추상주의의 대가로 유명하지만, 어쩌면 그는 가장 순수한 마음으로 본질에 다가가고자 했던 뜨거운 예술가가 아니었을까.

현실을 초월한 아이의 마음으로

전쟁의 고통에 대처하는 예술가들의 반응은 제각각 달랐다. 신조형주의 등 추상 미술가들이 고통을 정면으로 받아들이고 본질에서 해답을 찾으려 했다면, 꿈과 상상 속으로 들어가 현실을 도피하고자 했던 이들도 있었다. 추상과 함께 20세기 초중반 나타난 예술관, 초현실주의 작가들이다. 대표적인 화가가 스페인의 살바도르 달리와 호안 미로, 벨기에의 르네 마그리트, 미국의 만 레이다.

그들은 세상이 난장판이 된 이유를 인간이 순수함을 잃었기 때문이라고 보았다. 유일하게 순수함을 간직하고 있는 아이의 시각으로 세상을 바라보는 것이 중요하다고 믿었고, 어떻게 하면 아이들처럼 그릴 수 있을지 몰두했다. 여기에 1900년에 출간한 지그문트 프로이트의 《꿈의 해석》이 커다란 영향을 미치며, 초현실주의 장르가 탄생했다.

초현실주의를 대표하는 작가 달리를 예로 들어 보자. 그의 작품에는 대상이 없다. 정상적인 인물도, 현실에 존재하는 아름다운 장소도 없다. 철학적, 종교적 이상을 내포하고 있지도 않다. 초현실주의 작가에게 영감이 되었던 건 오직 꿈과 무의식, 관념의 세계였다. 그들은 인간의 목숨이 가치를 잃어버리고, 인간성이 몰살된 세상을 잊고 싶었다. 그래서 더더욱 환상의 세계에 천착했다. 꿈을 묘사한 것은 미래 사회에 대한 바람이자 현실을 극복하기 위한 그들 나름의 방식이었을지 모른다.

초현실주의 작품을 본다면 그저 알쏭달쏭하기만 한, 신선하고 창의적인 그림이라는 감상을 넘어 20세기 사람들이 겪어야 했던 고통을 잠시나마 떠올려 보았으면 좋겠다. 꿈에서 깨면 현실은 멀리 사라져 있고 더 나은 세상이 펼쳐져 있기를 소망한 그들의 마음을 조심스레 읽어 본다.

화장실에서 나온 현대 미술의 아버지

마르셀 뒤샹은 '샘'이라는 작품으로 전대미문의 충격을 던진 인물이다. 동시에 개념 미술의 선구자이자 모든 21세기 예술가들의 아버지라는 찬사를 받고 있는 인물이기도 하다. '그래서 개념 미술이 대체 뭔데?'라는 질문에 사전적 정의는 다음과 같이 말한다. 완성된 작품 자체보다 그 작품이 탄생하는 과정과 아이디어에 초점을 맞춘 미술. 다시 말해 개념 미술이란 '누가' 붓을 들고 '직접' 그림을 그리고 정과 망치로 석상을 조각했느냐가 아니라, 작품에 깃든 '개인의 생각 혹은 개념'에 초점을 맞춘 미술 양식이다.

뒤샹은 철물점에서 평범한 소변기 하나를 사왔다. 그리고 이 소변기에 '샘'이라는 이름을 붙였다. 소변기 어디에도 자신의 서명은 새겨 넣지 않았다. 작가의 서명에 따라 진품이 판가름나는, 오리지널리티의 정의를 단방에 날려버린 것

Fountain, 1917, Marcel Duchamp

이다. 20세기 예술의 핵심은 20세기 이전의 미술사를 부정한다는 것이다. 그중에서도 뒤샹이 깨고 싶었던 건 진품이라는 정의였다. 이때까지 사람들은 오리지널리티에 들어간 작가의 노동력을 매우 중요하게 보았는데, 뒤샹은 값어치에 대한 부분을 떠나 진품과 유명세 그 자체를 숭배하는 사람들의 관성을 깨고자 했다.

오리지널리티의 성역을 무너뜨린 뒤샹이 허락한 소변기는 그 개수만 17개에 달한다. 100년이 훌쩍 지난 지금까지도 뒤샹의 '샘'은 세계 여러 곳에서 모습을 드러내고 있다. 많은 사람이 찾아와 유심히 살펴보고 사진도 찍는다. 명성만 놓고 보자면 루브르의 '모나리자'와 견주어도 손색이 없지만, 작품을 대하는 작가와 관람객의 태도는 상이하다. 뒤샹은 '샘'을 설치했을 때 누군가 와서 망치로 이 소변기를 깨버렸으면 하는 바람이 있었다고 한다. 중요한 건 예술가의 생각이지 작품의 외형이 아니라는 것을 증명하고 싶었던 것이다.

개념을 중시하는 뒤샹의 가치관은 노동력을 최소화한 미니멀리즘, 기성품 통조림 캔에서 아름다움을 찾은 앤디 워홀로 대표되는 팝 아트, 작가의 의도에 따라 공간과 오브제를 구성하는 설치 미술 등 후대 예술에 절대적인 영향력을 미치며 모던 아트의 뼈대로 자리 잡았다. 지금 이 순간에도 뒤샹의 영향력은 계속되고 있다.

전시 방식이 예술의 경험을 바꾼다

테이트 모던의 특별한 점은 전시 방법이 다른 미술관과는 크게 다르다는 것이다. 일반적인 미술관이 시대순이나 화가별, 지역별로 작품을 배치한다면 테이트 모던은 주제별로 전시관을 꾸린다. 주제가 같거나 연결 고리가 있다면 시대, 화가, 지역을 초월한다. 테이트 모던은 모네의 말년 작품 '수련'과 추상표현주의 작가 마크 로스코의 작품들을 함께 전시했다. 백내장 진단을 받은 모네는 78세가 됐을 무렵, 색을 구별할 수 없을 정도로 시력을 잃었다. 그럼에도 모네는 자신의 눈에 보이는 것을 그대로 그렸다.

로스코는 인간의 감정을 세심하게 다루었던 화가다. 도시민의 삶, 고립된 도시, 사회 문제 속 인간의 감정에 관심을 갖고 이런 이미지들을 초현실적 상상에 기대어 그렸다. 시간이 흐르면서 그의 화풍은 초현실주의에서 벗어나 형체가 사라지는 추상화로 발전했다. 1949년에 앙리 마티스의 '빨간 작업실'이라는 작품을 만나며 로스코는 깊은 깨달음을 얻는다. 이미지와 형태를 최소화하고 색과 면으로만 이뤄진 그림이 인간 본연의 감정을 드러내는 데 가장 탁월하다는 것을 깨우친 것이다. '본다'는 것을 아예 배제하고 그리는 것, 이것이 마크 로스코가 정립한 추상의 개념이었다.

테이트 모던은 시력 문제로 형체가 불분명한 그림을 그릴 수밖에 없었던 모네의 '수련' 반대편으로 로스코의 전시관을 배치했다. 그럼으로써 20세기 추상표현주의 회화의 특징을 관람객에게 이해시킨다. 모네와 로스코는 둘 다 터너의 열렬한 팬이었다. 터너를 향한 동경의 뜻을 담아 모네는 기차 연작을 터너의 작품이 걸려 있는 국립 미술관에 기증하기도 했다. 로스코는 본인 작품의 상당수를 테이트 브리튼에 기증하겠다는 결정을 내렸다.

현재 모네의 '수련'은 국립 미술관으로, 로스코의 그림은 그의 유언에 따라 테이트 브리튼의 터너관으로 돌아갔다. 모네의 '수련'이 모던과 브리튼을 순회한 것처럼, 어떤 작품들은 특별한 전시 컨셉 아래 테이트 재단이 운영하는 갤러리를 순례한다. 꼭 보고 싶은 작품이 있다면 방문 전 각 미술관의 홈페이지에서 확인해보기를 추천한다.

테이트 모던의 입구는 세 곳인데 어디를 통해 들어오더라도 뻥 뚫린 거대한 공간을 마주치게 된다. 발전소로 운영될 당시 발전 터빈이 자리하던 곳이어서 터빈 홀이라 불리

Water–Lilies, 1916, Claude Monet

는 공간이다. 이곳에서도 다양한 전시가 열린다. 개인적으로 가장 기억에 남았던 전시는 유니레버 시리즈의 일환으로 터빈 홀을 채웠던 루이즈 부르주아의 '마망'이란 작품이다. 부르주아는 터빈 홀에 9미터 높이의 대형 거미 '마망'을 설치했다.

'마망'은 어머니를 뜻한다. 작가는 어려서부터 유독 어머니에 대한 애착과 사랑이 강했다. 어릴 적 병든 어머니를 두고 자신의 영어 교사와 불륜을 저지르는 아버지를 목격한 뒤로, 어머니에 대한 애착과 애처로운 감정은 더욱 커졌다. 부르주아는 거미줄을 친 뒤 먹이를 잡아 새끼 거미에게 건네는 암거미에게서, 평생 실을 엮어 베를 짜는 일로 가족을 먹여 살렸던 어머니의 모습을 보았다. 거미처럼 가족을 위해 희생한 어머니, 그 어머니의 모성애를 표현하기 위해 '마망'이라는 위대한 거미 작품을 남겼다.

또한 터빈 홀은 방문객을 위한 자유로운 공간이 되기도 한다. 터빈 홀에서 자주 목격되는 장면은 아이들이 자유롭게 스쿠터를 타는 모습이다. 때로는 넓은 바닥을 잔디로 채우고 말을 타는 행사를 진행하기도 한다. 이런 모습을 보면 미술관이나 박물관이 항상 강조하는 '만지지 마시오', '조용히 하시오', '뛰지 마시오'와 같은 제약을 보란듯이 무너뜨리

고, 자유로운 생각을 가질 수 있도록 돕는다는 생각이 든다. 앞서 뒤샹이 서양 미술사가 2000년간 쌓아올린 오리지널리티의 고정관념을 깨뜨렸다면, 테이트 모던은 미술관 특유의 경직된 문화와 아우라를 깨고자 노력한다.

현대 예술은 모호하고 어려운 것, 작가의 개인적인 사색이 돋보이는 미술 장르 정도로 여겨지곤 한다. 하지만 그 각각의 의미를 이해하고 다시 그림을 관찰하면, 온갖 디자인과 주거 형태 그리고 실용성과 효율성 중심의 사고관까지, 21세기의 대부분이 현대 예술의 기반 위에서 작동하고 있음을 알게 된다. 현대 예술은 우리 삶 속에 들어와 있다. 인상주의가 19세기 사람들의 생활상을 비추는 거울이었던 것처럼, 테이트 모던은 20세기부터 21세기의 시대와 정신을 비추고 있다.

지역의 표정을 만드는 예술의 힘

10여 년째 봄과 가을이 오면 나는 일본 나오시마 섬으로 작품 해설을 하러 떠난다. 나오시마 섬은 구리 제련소가 위치해 있던 곳이다. 인간의 욕심으로 자연이 파괴되고 사람들이 빠져나가며 활기를 잃었지만, 동시대의 예술가들이 참여하면서 예술의 섬으로 탈바꿈했다. 매년 이곳을 방문할 때면 21세기 예술과 사회가 갖는 관계에 대해 많은 생각을 하게 된다.

　테이트 모던도 넓은 의미에서 예술과 사회의 공생을 보여 주는 뮤지엄이다. 뱅크사이드는 한때 폐발전소로 생기를 잃은 도시였지만, 이제는 영국에서 가장 많은 방문객이 찾는 관광지 중 하나가 되었다. 뱅크사이드와 강 건너를 잇는 밀레니엄 브릿지 덕분에, 도시는 늘 사람들로 북적이고 지역 경제는 살아난다. 21세기 예술은 건축과 사회, 경제와 상호 작용한다. 예술을 통해 삶은 더 윤택해지고 혜택을 보는 사회 구성원은 늘어난다. 지금 우리에게 일어나고 있는 일이다.

　테이트 모던 옆에는 16세기 셰익스피어가 사용했던 글로브 극장이 있다. 16세기 이 자리에 극장이 있었다는 단서를 발견하고 미국 배우 샘 워너메이커가 모금 운동을 벌여 1970년대에 새롭게 지은 셰익스피어 시대의 극장이다.

　만약 여름에 테이트 모던을 방문할 계획이라면, 꼭 극장 시간표를 확인하고 공연을 보기를 추천한다. 셰익스피어가 활동했던 500년 전에는 전기가 없어 햇빛이 아주 중요한 역할을 했는데, 글로브 극장은 당시를 재현하기 위해 일부러 지붕을 만들지 않고 햇빛을 조명 삼아 공연을 연출한다. 그

러다 보니 여름에만 자연광을 조명 삼아 공연을 진행한다.
관객의 3분의 1은 아직도 바닥에 서서 연극을 봐야 하는,
독특한 경험을 할 수 있는 곳이다.

글로브 극장에서 템즈강변을 따라 10분 정도 산책하다
보면 런던에서 가장 오래된 식자재 시장, 버로우 마켓이 나
온다. 16세기의 모습 그대로 햇빛을 맞으며 즐기는 연극과
전통 시장 버로우 마켓. 과거와 현재를 잇는 밀레니엄 브릿
지와 현대 예술의 상징물인 테이트 모던까지. 템즈강변을
쓱 둘러보는 것만으로 벌써 런던에서의 설레는 하루가 계
획되었다.

9

뉴포트 스트릿 갤러리

놀랄 만한 가격의 비밀,
논란이 키워 낸 예술의 프리미엄

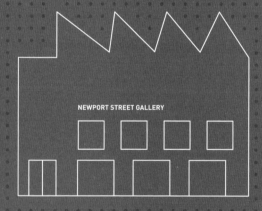

NEWPORT STREET GALLERY

2015년의 어느 날, 평소와 같이 기차를 타고 워털루역으로 향하고 있을 때였다. 복스홀역을 지날 즈음 예전에 보지 못한 특이한 건물 하나가 눈에 띄었다. 만화 주인공 심슨 바트의 머리처럼 뾰족뾰족한 지붕이 눈길을 사로잡았다. '독특한 모양의 건물이네.'라며 가볍게 지나쳤지만, 그날 이후 복스홀역을 지날 때마다 자연스럽게 건물이 눈에 들어왔다.

　며칠 지나지 않아 뉴스에서 데미안 허스트가 자신이 수집한 미술품을 전시하기 위해 갤러리를 설립했다는 소식을 들었다. 그런데 뉴스로 시선을 돌리자 늘 나의 호기심을 붙잡았던, 바트의 헤어스타일을 한 그 갤러리가 떡하니 서 있는 것 아닌가. 팔짱을 끼고 혀를 쭉 내밀며 '놀랐지?' 하고 약을 올리는 것 같았다. 뉴포트 스트릿에 위치하기 때문에 이름도 뉴포트 스트릿 갤러리라니. 헛웃음이 났다. 정말이지 미니멀리즘의 냄새가 강하게 풍기는 미술관이었다.

　우리와 동시대를 살아가는 예술가 중 크나큰 성공과 함

께 미디어적 스포트라이트가 따라다니는 작가들을 꼽으라면 주저 없이 yBa를 들 수 있을 것이다. yBa, '영 브리티시 아티스트$^{young\ British\ artists}$'는 1950년대 팝아트 이후 미술 시장에서 특별히 두각을 드러내지 못했던 영국 미술을 다시 국제 무대 위로 등장시킨 주역들이다. 데미안 허스트, 트레이시 에민, 사라 루카스, 개빈 터크, 레이첼 화이트리드 등 이름만 들어도 쟁쟁한 작가들이 여기에 속한다.

전통적인 회화를 거부한 독창적인 표현, 오브제와 공간과 미디어를 넘나드는 전시, 다양한 재료와 컨셉, 아름다움보다 의미를 중시하는 철학. yBa는 예술성과 대중성을 모두 사로잡으며 1980년대부터 현재까지 세계 미술사에 강렬한 존재감을 남기고 있다.

yBa가 주도하는 현대 미술은 뒤샹이 제시한 개념 미술의 토대 위에서 더 다양하고, 더 스펙터클한 방식으로 발전 중이다. 트레이시 에민의 '나의 침대'라는 작품을 예로 들어 보자. 1998년, 에민은 자신이 썼던 지저분한 침대를 '작품'으로 내걸었다. 대중 앞에 가꾸어진 모습이 아닌 자신의 내밀한 진짜 모습을 보여 주기 위해서였다. 그녀는 미술이라고 하면, 또 '나'라는 주제를 들으면 으레 떠오르곤 하는 2차원 평면의 아름다운 육체와 미화된 모습을 거부했다. 그 대신 자신이 실제 사용하던 침대를 전시장에 가져다 놓았다. 그렇게 완성된 작품보다 작가의 관점에 집중한 개념 미술의 일면을 표현했다. 에민은 이 작품으로 예술적 가치를 인정받고 터너상 후보에 올랐다.

그런데 이 작품은 단순히 관심만 받은 게 아니었다. 논란의 중심에 서서 미디어의 집중 조명을 받았다. 언론은 이것이 예술이 될 수 있는지 아닌지 논쟁을 부추겼다. 예술이 쏟아내는 논쟁에 대중도 관심을 가지기 시작했다. 그러면서 전시회가 흥행했다. 이 지점에서 yBa의 또 다른 특징이 발견된다. yBa의 한 면이 상식을 뒤엎는 파격적인 예술 세계라면, 또 다른 한 면은 미디어의 스포트라이트와 경제적인 성공으로 이루어져 있다. 다시 말해, yBa 작가들이 지금과 같은 명성을 얻을 수 있었던 데에는 매스컴과 노이즈 마케팅의 영향을 무시할 수 없는 것이다. yBa 작가들은 노이즈 마케팅의 수혜를 얻고, 때로는 이를 적극적으로 활용하며 유명세를 키워 나갔다.

yBa가 탄생한 지도 어느덧 40년이 흘렀다. 한때 젊고 발칙한 예술가라 불리던 이들은 어느새 환갑을 바라보는 나이가 되었다. 그중 몇몇은 너무 철이 들어버렸다. 현실에 안주하거나 악동의 이미지를 후배들에게 내주는 이들도 생겼다. 하지만 여전히 세상에 신선한 충격을 던지며, 새로운 예술의 방향을 찾아 끊임없이 길을 개척하는 이들도 있다. 데미안 허스트가 바로 그런 사람이다.

죽음을 전시하는 화가, 데미안 허스트

솔직히 말하면 나는 데미안 허스트를 별로 좋아하지 않았다. 그런데 2012년, 이 생각을 180도 바꿔버리는 경험을 하게 되었다. 테이트 모던에서 허스트의 특별전이 열렸는데 규모가 상당히 컸다. 전시의 일종으로 허스트는 50평 정도 되는 넓은 공간을 온실로 만들었다. 중간중간 테이블을 두고, 그 위에 오렌지처럼 달콤한 과일을 먹기 좋게 올려놓았다. 벽에는 다양한 나비 유충을 붙였다. 그러자 전시 기간 동안 나비가 부화되었다. 아름다운 호랑나비들이 전시회를 이리저리 돌아다녔다.

달콤한 과일을 먹는 나비도 있고, 막 태어난 나비도 있고, 바닥에 떨어진 나비도 있었다. 깨어나는 나비, 일하는 나비, 먹는 나비, 죽는 나비. 유한한 인간의 일생이 조그만 전시실 안에 응축되어 나타났다. 죽음이란 소재를 21세기 사람들에게 철학적이면서 예술적인 방식으로 전달하는 그의 천재성에 감탄을 금할 수가 없었다.

데미안 허스트는 1965년에 영국 브리스톨에서 출생했다. 아마 현존하는 작가 중 가장 많은 수식어가 붙고, 가장 많은 논란을 불러일으키는 작가가 아닐까 싶다. 허스트는 작품을 통해 죽음에 관해 생각할 거리를 던진다. 인간이 얼마나 삶에 집착하는 동물인지, 죽음에 관해서는 얼마나 배타적인 태도를 취하는지를 말이다. 때로는 은유적으로, 때로는 극대화된 상상력과 괴기스러운 방법으로 전한다. 예컨대 상어의 시체를 포르말린에 담가 전시하고, 방부 처리된 소를 반으로 잘라 전시한다. 그렇게 살아있는 자의 마음에선 느낄 수 없는 죽음에 대한 화두를 던지는 것이다.

컬렉터들 사이에서 명성이 자자한 '스팟 페인팅' 시리즈 역시 그렇다. 다양한 색의 균일한 점들로 캔버스를 채웠는데 언뜻 색과 형태를 다룬 실험적인 추상화 같지만, 실은 인간의 세포를 시각화해 생명의 아름다움과 활동성을 묘사한 작품이다. 죽음이 얼마나 삶 가까이에 있는지 사람들의 눈높이에 맞춰 보여 준 일종의 바니타스화다.

기억에 또렷이 남는 전시가 하나 더 있다. 2012년, 테이트 모던 터빈 홀에는 큰 암실이 만들어졌다. 캄캄한 공간 한가운데 티타늄으로 제작된 해골이 설치되었다. 그리고 8,601개의 다이아몬드가 해골을 감쌌다. 위에서 핀조명

이 떨어지자 암실에 있던 30여 명의 관객이 일제히 탄성을 질렀다. 다이아몬드가 뿜어내는 눈부신 빛에 모두 넋이 나가버린 것 같았다. 그런데 그 장면에서 나는 소름이 돋았다. 허스트는 정말 다이아몬드의 아름다움을 보여 주고 싶었던 걸까?

또 다른 문제작 '약' 시리즈[10]를 보면서 허스트의 의도를 읽어 나가보자. 그는 약국을 통째로 옮겨다 놓은 듯 온통 약으로 도배된 공간을 선보였고, 이 약들에 인간이 수천

---

10 '약' 시리즈에서 중요한 건 데미안 허스트가 직접 약을 만들지 않고 약국에 진열된 기성품을 가져다 전시를 했다는 점이다. 화가의 손때가 묻은 완성품보다는 작품 속에 스며있는 메시지가 더 중요하다는 개념 미술의 정의와 맞닿는 대목이다.

Aaron Weber, CC BY 2.0

년 동안 죽음에 저항한 흔적이라는 컨셉을 부여했다. 또한 약과 담배꽁초를 나란히 전시하기도 했다. 생명을 연장하기 위해 약을 먹지만 정작 죽음을 끌어당기는 인간의 모순을 꼬집은 것이다. 다이아몬드를 씌운 해골을 통해 허스트는 마찬가지로 우리 옆에 늘 도사리고 있는 죽음을 보여주려 했던 게 아니었을까?

"영원히 피어 있지 않기에 꽃을 더욱 아름답게 느끼는 것처럼, 죽음에 대해 생각하면 할수록 우리는 더욱 열정적으로 삶을 살아갈 수 있다."

데미안 허스트가 남긴 이 문장은, 그의 작품 세계를 보다 깊이 이해할 단서를 제공한다. 허스트의 해학은 고급스럽다. 보는 즉시 감탄과 충격을 자아낸다. 하지만 껍질을 한 꺼풀 벗겨내면 그의 작품 안에 웅크리고 있는 죽음이 보인다. 허스트의 세계관을 이해한 뒤 작품을 다시 보면, 처음과는 다른 충격이 전해진다. 그의 작품은 사람들에게 공감을 끌어낸다. 그는 자신의 생각을 작품으로 형상화한 다음, 사람들이 무언가 느끼고 동할 수 있게 만든다. 무척 어려운 일이다. 지난 수십 년간 이 일을 성공적으로 해낸 데미안 허스트는 이제 직접 미술관을 설립하기까지 했다.

그는 왜 미술관을 설립했을까? 40년의 세월이 축적된 자신의 작품을 한데 모아 기념하기 위해서일까? 특별한 행보를 거듭해 온 허스트라면, 그 이상을 뛰어넘는 본질적인 이유가 있을 것이다. 허스트는 이제 현대 예술의 살아있는 전설을 넘어, 시대를 읽고 시장을 움직이는 미술계의 거목으로 스스로의 역할을 확장하려 한다. 이 과정에서 없어서는 안 될 중요한 동반자가 뉴포트 스트릿 갤러리다.

무명이라도 괜찮아, 일단 걸리면 가치가 올라가는 갤러리

뉴포트 스트릿 지역은 갤러리와는 어울리지 않는 공업 지대다. 게다가 데미안 허스트가 세운 갤러리는 기찻길 바로 옆에 있어 소음도 심하고 대중교통으로 접근하기도 그리 편하지 않다. 이것만 보아도 허스트는 미술관이 들어오기에 마땅치 않은 장소에 터를 잡은 것 같다. 그가 선택한 건물은 빅토리아 시대에 지어진, 극장 무대를 만드는 작업장으로 쓰였던 곳이다. 이 건물을 건축 사무소 카루소 세인트 존이 허스트의 취향에 맞는 갤러리로 재탄생시켰다.

먼저 갤러리는 다섯 개 건물을 합쳐 완성되었다. 그 규모가 뉴포트 스트릿 지역의 절반을 차지할 정도로 어마어

마하다. 전시실이 있는 2층과 3층은 나선형 계단으로 이어져 있어 공간적으로 시원한 개방감을 준다. 벽은 전부 흰색이다. 안으로 들어오는 순간, 외부와 차단된 것 같은 기분을 느끼게 해준다. 덕분에 작품 하나하나에 대한 몰입도는 더 커진다.

허스트는 순수하게 1980년대부터 자신이 수집해 온 컬렉션The Murderme Collection만으로 갤러리를 구성했다. 그 개수만 3,000개가 넘어 로테이션으로 작품을 전시한다. 컬렉션에는 20세기와 21세기 모던 아트를 대표하는 작가의 작품이 대거 포함되어 있다. 프랜시스 베이컨을 필두로 트레이시 에민, 제프 쿤스, 개빈 터크까지 그야말로 21세기 예술의 정수가 가득 모여 있다.

그런데 뉴포트 스트릿 갤러리의 특이점은 이게 다가 아니다. 사실 유명한 현대 미술을 보고 싶은 거라면 테이트 모던을 둘러보는 것만으로도 충분할 것이다. 방문객들은 뉴포트 스트릿 갤러리에서 신진 작가들의 작품을 보게 된다. 무명 작가의 작품이 허스트 갤러리에 걸린다는 것은, 허스트가 조개 속에 숨은 진주를 '발견하고' 그것에 돈을 '지불했다'는 뜻이다. 머지 않아 해당 작품과 작가는 미디어의 스포트라이트를 받고 스타덤에 오를 것이다. 단지 허스트가 선택했다는 이유만으로 말이다.

이는 허스트가 스타 작가를 양성할 수 있을 만큼 예술 시장에 영향력을 갖게 되었음을 의미한다. 게다가 뉴포트 스트릿 갤러리까지 찾아오는 사람이라면, 런던에 온 김에 유명한 미술관이나 한 번 둘러보자는 가벼운 목적을 가진 사람은 아닐 것이다. 미술, 특히 현대 미술에 관심이 많고 허스트의 행보를 지켜봐 온 사람일 가능성이 높다. 그런 사람들에게 무명 작가의 존재감이 데미안 허스트라는 채널을 통해 알려지는 것이다. 자연스럽게 그 작가의 작품을 사수하기 위한 미술 애호가들의 발걸음은 바빠진다.

허스트는 우리가 살고 있는 시대에 유명세가 얼마나 중요하게 작용하는지 알고, 이를 이용해 시장을 주도한다고 볼 수 있다. 뉴포트 스트릿 갤러리는 허스트 자신이 미술 시장에 미치는 영향력을 완벽하게 계산해 세워진 결과다. 미술관 부지로 공업 지대를 선택한 것도 부동산 가치의 상승을 고려한 허스트의 의도로 짐작해볼 수 있다. 이쯤 되면 그는 예술성을 넘어 사업가적 기질까지 갖춘 똑똑한 사람임이 분명해 보인다. 그런 그가 2022년 여름, 또 한 번 충격적인 발언을 미디어에 날렸다.

내일은 맞고, 지금은 틀리다

"작품 1,000여 점을 불태우고 NFT로만 남기겠다. 작품을 태우고 남은 재까지 다 전시하겠다."

2022년, 데미안 허스트는 자신이 6년 전 그린 연작 '점' 1만 점에 해당하는 NFT 1만 개를 발행했다. 그중 9,000개를 각 2,000달러^{약 260만 원}에 판매했다. 그리고 팔지 않은 NFT 1,000개에 해당하는 그림을 모두 불태우고 NFT로 보유하겠다는 결정을 내렸다. 그리고는 그렇게 소각한 재를 뉴포트 스트릿 갤러리에 전시한다고 발표했다.

2010년대 중후반 이후 미술 시장의 미래에 관한 다양한 전망이 쏟아졌다. 가장 설득력 있는 이야기는 앞으로의 미술 시장은 이전과는 완전히 다른 블록체인 형식으로 진보할 것이라는 내용이었다. 시장의 반응은 극명하게 나뉘었다. 누군가는 기대했고 누군가는 우려했다. 논쟁은 지금도 활발히 진행 중이지만, 중요한 것은 새로운 미술의 등장과 이에 대한 엇갈린 시선은 NFT에 국한된 이야기가 아니라는 점이다.

역사적으로 새로운 예술 사조가 등장할 때마다 사람들은 이를 선뜻 받아들이지 못했다. 영국의 젊은 화가들을 중심으로 발전한 라파엘 전파가 그랬고, 19세기 유럽을 뜨겁게 달구었던 인상주의 또한 그랬다. 지금이야 감성적이고 편안한 느낌의 인상주의 그림을 선호하는 사람이 많지만, 당시 시장과 기득권은 인상주의 화풍을 그림으로 인정하지 않았다.

그로부터 150년의 시간이 흘러, 우리는 또 다시 새로운 예술이 시작되려는 문 앞에 와 있다. 이 과도기에 허스트는 선방을 날렸다. NFT를 미술 시장의 미래로 내다보고, 이 흐름에 올라타겠다고 확언한 것이다. 그 뒤 작품을 불태우고 재를 전시하겠다는 액션까지 취했다. 대중은 또 다시 충격을 받았다. '재가 뭐 볼 게 있다고'라는 생각이 들 수 있지만, 사람들은 재를 보러 뉴포트 스트릿 갤러리에 갈 것이다. 재의 가치 또한 솟아오를지 모른다.

예술은 항상 돈의 흐름과 같이 이동하고 발전해 왔다. 15세기와 16세기에는 지중해를 장악하고 경제적 성공을 거두었던 이탈리아가, 16세기에는 식민지 약탈을 바탕으로 부를 축적했던 스페인이, 17세기에는 독립을 쟁취하고 해상 무역의 강자로 올라선 네덜란드가 예술의 꽃을 활짝 피웠다. 21세기는 돈의 흐름이 확산되어 일반인도 미술품에 관심을 갖고 그림을 사는 시대가 되었다. 이런 시대에 데미안 허스트는 시장의 판도를 읽고 움직인다. 그는 오늘날의 예술 작품은 투자 수단으로서도 각광받는 분야가 될 것임을 깨닫고, 한 발 앞서 걷고 있다.

지금껏 허스트를 창의력을 발산하는 '살아있는 피카소'로만 알았다면, 뉴포트 스트릿 갤러리는 그의 진가를 제대로 확인할 계기가 될 것이다. 허스트는 노이즈 마케팅을 가장 유연하게 활용하는 예술가이면서 대중에게 강력하게 어필할 줄 아는 인기 스타다. 그리고 이제는 뉴포트 스트릿 갤러리를 통해 시대를 읽는 눈을 가진 미술 시장의 선도자

가 되었다. 작품이든 행보든, 한 번 보면 머릿속에 잊히지 않는 강렬함을 남기는 인물임에는 틀림없다.

펍에서 맛보는 로컬 한 잔

뉴포트 스트릿 갤러리 안에는 독특한 경험을 할 수 있는 공간이 있다. '파마시2'라는 이름의 레스토랑이다. 데미안 허스트의 작품을 컨셉으로 꾸며진 곳으로, 카페 전체가 알록달록한 알약으로 장식되어 있다. 진열장 속 오브제들도 병원에서 의사가 수술할 때 쓰는 도구들을 닮아 있다. 카페의 메뉴판에는 메뉴라는 단어 대신 처방전을 의미하는

'Prescription'이 써 있다. 맛있는 커피는 물론, 허스트의 기발한 아이디어까지 맛볼 수 있다.

갤러리를 장식한 작가들의 이름부터 레스토랑까지, 특별함으로 중무장한만큼 그 위치도 평범함을 거부할 것 같지만 오히려 그 반대다. 갤러리는 힙하고 번화한 곳이나 부촌이 아닌, 서민이 거주하는 지역에 자리 잡고 있다. 그래서 뉴포트 스트릿 갤러리에 가는 길에 런던 시내의 주택가를 보는 재미가 쏠쏠하다. 특히 이런 지역의 펍들은 런던 시내 관광지 펍들과는 다른 분위기를 연출한다. 동네 사람들이 주로 찾기 때문에 주인과 손님이 서로 알고 안부를 묻는,

동네 사람들의 아지트 같은 느낌이다.

그런데 만일 이런 로컬 펍에서 이름이 같은 손님이 두 명 혹은 세 명이라면? 단골 장사를 하는 동네 술집이 손님 이름을 헷갈려 한다면 좀 곤란한 상황이 생길 수 있다. 그래서 로컬 펍들은 단골 손님의 이름 앞에 그들이 주로 마시는 술의 이름을 붙여 부른다. 기네스를 마시는 존은 '존 드 기네스', 스트롱보우를 마시는 존은 '존 드 스트롱보우'인 식이다.

이름도 같고, 마시는 술도 같다면 어떡할까? 걱정할 필요 없다. 직업을 붙이면 쉽게 해결되기 때문이다. 간편하게 존1, 2, 3라거나 존A, B, C라고 부를 수도 있겠지만 그러면 손님과의 친밀감이 확 줄어들 것이다. 영국인 특유의 애칭 문화와 친근한 분위기를 느끼고 싶다면, 뉴포트 스트릿의 로컬 펍을 꼭 방문해보자. 단 한 번의 방문이라도 바텐더가 마치 어제 본 친구처럼 나의 이름을 불러 주는 재미있는 경험을 기대해도 좋다.

10

사치 갤러리

예술과 광고의 경계를 부셔서
미래의 스타를 띄운다

사치 갤러리는 요즘 들어 더 귀에 익숙해진 영국 미술관 중 하나다. 가수 송민호와 웹툰 작가 기안84가 입성한 갤러리로 주목을 받았기 때문이다. 예술의 중심지 영국에서, 그것도 정통 미술 작가이기보다는 엔터테인먼트 시장에서 재능을 펼치고 있는 한국 셀럽들을 '픽'한 갤러리라니. 충분히 한국 대중의 호기심을 자극할 만한 뉴스였다. 호기심을 넘어 사치 갤러리에 대한 관심도와 호감도까지 한 번에 급상승하는 계기가 된 것은 당연한 이야기다. 그러나 개인적인 이야기를 꺼내보자면, 사치 갤러리는 나에게 숙제 같은 곳이다.

앞서 첫 직장이나 다름없었던 영국 박물관이 처음 내게 두려움으로 다가왔고, 테이트 갤러리가 영국 뮤지엄 해설가로서의 사명감을 느끼게 해줬다면, 사치 갤러리는 21세기 예술을 이해하기 위한 숙제라고 말할 수 있다. 영국에 온 지 얼마 안 됐을 때는 사치 갤러리를 잘 알지 못했다. 이름

자체도 생소했다. '영국' 박물관도 테이트 '브리튼'이나 테이트 '모던'도, '국립' 미술관도 아닌 사치는 도대체 어떤 특징을 가진 미술관인지 짐작이 되지 않았다.

하지만 설립자 찰스 사치에서 이름을 따왔고, 그가 영국 광고계에서 영향력이 두터운 권위자란 사실을 알고 나자 미술관의 정체성이 막연하게나마 그려지면서 궁금증이 생겼다. 예술이 아닌 광고 비즈니스를 하는 사람이 만든 갤러리라면, 뭔가 달라도 다르지 않을까?

관여하는 광고마다 소위 대박을 터뜨려 광고계의 마이더스로 통하는 찰스 사치는 1985년에 사치 갤러리를 설립

©사치갤러리

했다. 더욱 놀라운 건 그가 현존하는 가장 핫한 예술가 그
룹 yBa를 발굴해 스타로 만들어 낸 장본인이라는 점이다.
사치 갤러리는 yBa 작가들을 거장의 반열에 올려놓으면서
국제적 인지도를 갖춘 미술관으로 우뚝 섰다.

　이제 찰스 사치는 광고계의 마이더스란 별명보다 아트
딜러와 아트 컬렉터로서 더 막중한 존재감을 드러내고 있
다. 이뿐만 아니다. 설립 35년이 흐른 지금까지 트렌드한 이
미지를 유지하며 미술 시장에 새로운 역사를 써나가고 있
다. 어떻게 가능한 일일까. 그 비밀을 파헤치기 전, 먼저 짚
고 넘어가야 할 것이 있다. 사치 갤러리의 프롤로그라고도

책 《Sensation: Young British Artists
from the Saatchi Collection(1998)》 표지

할 수 있는 yBa의 출발에 관한 이야기다.

논란의 중심에서 현대 미술을 외치다

1980년대는 영국 경제에 먹구름이 드리워졌던 시대다. 예술대를 졸업한 신진 작가들에게는 호락호락하지 않은 날들의 연속이었다. 이렇게 힘든 시기에 런던 골드스미스 대학에는 마이클 크레이그 마틴이라는 교수가 있었다. 마틴은 혈기 왕성한 학생들에게 항상 도전적인 관점으로 세상을 바라보며 작품을 만들 것을 강조했다. 그의 가르침과 리더십 아래 자라난 작가들이 지금의 yBa다. yBa 초기 멤버들은 1980년대 골드스미스 대학에 다녔던 학생들이었다.

데미안 허스트도 그중 하나였다. 졸업 전시를 앞두고 비싼 갤러리나 전시회장을 빌릴 수 없었던 허스트는 다른 학생들과 템즈강 동쪽에 버려진 창고를 찾아냈다. 과거 무역품을 보관하다 쓸모를 잃어버린 창고였다. 허스트의 주도 아래 학생들은 창고를 저렴한 가격에 대관해 졸업 전시를 준비했다. 함께 참여했던 줄리안 오피, 게리 흄, 사라 루카스, 트레이시 에민 등은 훗날 yBa의 멤버가 되었다. 전시의 제목은 프리즈. 이 전시회에 찰스 사치가 방문하며 이들의 인연이 시작되었다.

시치는 프리즈 전시회를 둘러본 뒤 '뭔가 될 것 같은' 느낌을 받았다. 그는 전시에 참여한 청년들 중 열여섯 명의 작품을 사들였다. 그리고 이 젊고 유망한 작가들과 대화를 나누며 사회적으로 이목을 끌 만한 작품을 만들라고 주문했다. 이렇게 완성된 작품을 갖고 1997년에 센세이션이라는 전시를 열었다. 상어의 시체를 포르말린에 담가 박제한 허스트의 작품도 이 전시회에서 처음 공개된 것이었다. 허스트는 단숨에 미술계와 대중의 주목을 받았다.

센세이션 전에서 가장 논란을 일으킨 작가는 유치원 아이들의 손도장으로 연쇄 아동 살인마의 얼굴을 완성한 마커스 하비였다. 트레이시 에민은 텐트의 천에 다양한 이름을 써 놓고 '나와 함께 잤던 사람들'이라는 제목을 붙였다. 말 그대로 센세이셔널한 전시가 아닐 수 없었다.

전시회가 열린 장소도 신선한 충격을 안겼다. 왕립 미술학교, 고전 예술을 추앙하는 가장 보수적인 집단의 중심에 가장 논란을 일으킬 만한 작품들을 위풍당당하게 선보인 것이다. 시치의 재기와 야망이 제대로 느껴지는 선택이었다. 전시회를 장식한 파격적이다 못해 엽기적이기까지 한 작품들에 영국은 난리가 났고, 시치는 의도대로 젊은 예술가들의 이름을 대중의 머릿속에 새겨넣는 데 성공했다.

라이징 스타의 투자자가 갖춰야 할 조건

사치 갤러리의 역사가 한 권의 책이라면, 한 장 한 장 페이지를 넘길 때마다 놀라움을 멈추지 못할 것이다. 초기 전시에 참여했던 작가들의 이름 때문이다. 1985년, 문을 연 첫해에는 도널드 저드, 사이 트웜블리, 앤디 워홀의 작품이 미술관에 걸렸다. 그 이듬해에는 안셈 키퍼, 리차드 세라, 제프 쿤스, 로버트 고버, 브루스 나우만, 신디 셔먼과 같은 미국 신진 작가들이 갤러리 안으로 들어왔다. 대가들의 '떡잎'을 알아본 사치는 1980년대부터 이들의 전시를 기획하고 있었다.

그 이후로 지금까지 사치 갤러리가 전시하고 있는 작가들을 다 소개하자면 아마 수십 권의 책이 더 나올지도 모르겠다. 찰스 사치는 20세기와 21세기의 전도유망한 작가들을 엄선해 전시를 주최해 왔다. 당시에는 미술 애호가조차 난해하다고 느낀 작품이 많았지만, 사치는 자신의 안목을 밀어붙여 무명 작가를 수면 위로 끌어올렸다. 그리고 세계 최고의 작가로 키워 냈다. 그가 yBa부터 세계 최정상의 작가를 발굴해 성공시킨 수많은 사례는 단순한 운이 아니라, 트렌드를 읽고 예술 시장의 흐름을 예측하는 안목의 결과라고 생각한다.

물론 안목을 갖췄다고 모두가 성공할 수 있는 건 아니다. 안목과 더불어 투자자 본인의 사회적 인지도^{혹은 네트워크}, 이 모든 걸 현실화할 수 있는 자본, 그리고 문화적 정체성까지 필요하기 때문이다. 찰스 사치는 이 네 박자를 고루 충족하고 있는 사람이었다. 우선 그는 자신이 선택한 예술가를 국제적으로 키워 내는 데 탁월했다. 자신의 이름값을 활용한 갤러리가 더 큰 이목과 부를 끌어올 것이란 판단으로 사치 갤러리를 설립했다. 광고계의 큰손으로서 사회적 인지도와 네트워크가 어느 정도 갖춰진 상태이니, 다른 투자자나 컬렉터에 비해 뜻을 실현하기가 상대적으로 어렵지 않았을 것이다. 그리고 이 과정에서 사치에게 또 하나의 이점으로 작용했던 것이 문화적 정체성이었다.

현대 미술 시장에는 간과할 수 없는 벽이 존재한다. 작가와 투자자의 국적이다. 작가와 투자자의 국적은 생각보다 중요하다. 예술가는 곧 자신이 몸담은 국가 및 사회의 경제력을 대변한다. 경제가 탄탄할수록 문화 예술에 대한 투자가 이뤄지고, 국가적인 지원도 가능해진다. 다행히도 찰스 사치는 이 조건에 부합했다. 그가 키워 낸 yBa는 대부분 영국인이었고, 사치 자신은 유대계 이라크 출신의 영국 이민자였다. 영국 태생이라는 든든한 뒷배를 짊어진 사치가 국제 예술 시장에 안착하고 명성을 얻는 일은, 그렇지 않을 경우보다 훨씬 수월했을 것이다.

또한 현대 미술 시장에서 최고의 영향력을 가진 도시는 런던과 뉴욕, 베를린이다. 런던과 뉴욕은 비슷한 언어와 문화 코드를 공유한다. 즉, 런던에서 성공한 작가는 뉴욕에서 성공할 가능성이 높고, 그 반대의 케이스도 마찬가지라는 뜻이다. 런던과 뉴욕을 점령한 작가는 세계적인 작가가 된다. 사치 역시 영국에서 대대적인 전시를 마친 뒤 뉴욕에 진출했고, 미국에서 싹을 틔우고 있는 인기 작가를 영국, 나아가 유럽에 알리는 일에 앞장 섰다. 안목과 사회적 인지도, 문화적 정체성이 뒷받침된 사치에게 마지막으로 필요한 것은 과감하게 투자할 수 있는 돈이었다. 그는 한화 약 2,000억 원을 소유한 광고 재벌로 한때 영국 자산가 순위 438위에 오르기도 했다.

미술 시장의 판도를 바꾸기 위해선 이처럼 개인의 안목 외에도 다양한 요소가 맞물려야 한다. 찰스 사치는 좋은, 다시 말해 큰돈을 불러들일 수 있는 작가를 동물적 감각으로 파악하는 재능 위에 자신의 타고난 조건을 활용해 최고의 미술 사업가로 성장할 수 있었다. yBa와 찰스 사치를 지나 다음으로 열어볼 챕터는 사치 갤러리 그 자체에 대한 내

용이다. 사치 갤러리는 현재 어떻게 운영되고 있는지, 풍부한 관심을 갖고 영국 미술을 배워 나가고 있는 나의 눈에 비친 사치 갤러리는 어떤 모습인지 풀어내보려고 한다.

인스턴트 기획, 로우 아트, 팔기 위한 전시

사치 갤러리는 국립 미술관이나 파리의 루브르처럼 언제 가더라도 같은 작품을 보여 주는 전형적인 유럽의 미술관이 아니다. 성장 가능성이 있는 작가들을 선정해 그들의 작품을 전시하고, 주기적으로 기획을 변경한다. 그래서 아마 사치 갤러리만큼 전시가 자주 바뀌는 미술관은 없을 것이다. 주요 전시는 2층에서 열리는데 3~6개월 주기로 테마가 바뀐다. 1층의 전시실은 전환이 더 빠르다. 한 달에서 두 달 주기의, 심지어는 일주일뿐인 기획 전시들이 굉장히 빠르게 열렸다가 사라진다.

너무 상업적으로 인스턴트식 전시만 기획하는 게 아닌가 싶을 수 있지만, 지금만큼 트렌드가 빠르게 바뀌는 시대는 역사적으로 없었다. 중세 미술에서 르네상스로, 르네상스에서 인상주의 등으로 예술 사조가 바뀌는 기간이 짧게는 100년, 길게는 수백 년씩 걸렸다면 이제는 10년에서 5년 단위로 짧아졌다. 세계 각지에선 매일 신진 작가가 탄생한다. 사치 갤러리는 21세기 예술의 특징 중 하나를 직관적으로 보여 주는 미술관인 셈이다.

21세기 예술의 또 다른 특징은 스트릿 아트다. 벽에 스프레이로 그림을 그리는 그래피티는 1980년대 미국에서 시작한 이후 빠르게 유행했지만, 아직도 예술계 기득권은 이를 저급한 예술로 대우하는 경우가 많다. 이런 예술계의 분위기와 선입견을 타파하기 위해 사치 갤러리는 2019년에 스트릿 아트 시즌을 열었다. 더 이상 '로우 아트Low Art'와 '하이 아트High Art'를 나누지 말고 예술가들이 자신감을 갖고 다양한 방법으로, 다양한 재료를 가지고, 다양한 장소에서 작품 활동을 할 수 있게 힘을 실어 주자는 것이다. 찰스 사치는 20세기와 21세기의 예술뿐만 아니라, 동시대에서 평행선을 달리고 있는 사람들의 고집스러운 점을 선으로 연결하고 평면으로 완성시키는 역할을 수행하고 있는지도 모른다.

만일 사치 갤러리에 방문했다가 너무나도 마음에 드는 작품이 있다면 구매를 문의할 수도 있다. 적나라하게 표현하자면 사치 갤러리에서 행하는 전시는 '팔기 위한 전시'인 셈이다. 이런 면에서 찰스 사치는 데미안 허스트와 유사한 면모가 있다. 그들의 목적은 한마디로 '시장을 주도하는 것'이다. 두 사람은 자신의 사회적 포지션을 영리하게 이용할 줄 안다. 비교적 저렴한 값에 사들인 작품은 찰스 사치와 데미안 허스트라는 프리미엄이 붙은 채 몇 배나 뛴 가격에 팔릴 수 있다. 반복해 말하지만 뉴포트 스트릿 갤러리에, 그리고 사치 갤러리에 작품이 걸린다는 것은 흥행 보증수표를 얻는 것과 같다. 두 미술관은 시장의 물길을 바꾸고 있다.

반려견에게도 열려 있는 미술관

나는 매번 숙제를 하듯이 사치 갤러리를 방문한다. 정말 이

해하기 힘든, 아니 좋아하기 힘든 작품의 연속임에도 불구하고 꾹 참고 전시를 본다. 어떤 시대든 젊은 작가들은 새로운 정신과 시각으로 작품을 만들어 냈다. 기득권과 기성세대는 이런 예술에 굉장히 냉소적이었다. 책을 읽는 지금 순간에도 익숙함과 새로움 사이의 줄다리기는 계속되고 있다. 항상 미술사에 존재했던 이 차이를, 나는 사치 갤러리에서 느낀다.

1980년대 사치 갤러리에 작품이 걸렸던 작가들은 당시 대중으로부터 큰 관심을 받지 못했을 수도 있다. 그러나 현재 대중은 앤디 워홀을 동경하고 제프 쿤스와 리차드 세라를 미술계의 거장으로 추켜세운다. 이 작가들 모두 미술에 조금만 관심이 있으면 누구나 다 아는 사람들이 되었다. 내가 아직 마음으로 좋아하지 못하는 작가들도 30~40년 후에는 어떤 대우를 받을지 알 수 없다. 사치 갤러리는 그런 궁금증을 안고 작품을 감상하는 재미가 톡톡한 곳이다. 이미 최고의 인정을 받은 작가들의 작품만을 전시하는 다른 미술관에선 해볼 수 없는 상상과 재미를 제공한다.

동시대의 예술품을 전시한다는 건 갤러리의 성향도 진보적이라는 뜻이다. 21세기 작가의 그림이 루브르나 국립미술관에 걸리는 건 매우 어렵다. 하지만 현재의 시대상을 반영한, 젊은 작가를 소개하는, 새로운 비전을 품은 미술관도 필요하다. 나는 21세기를 살아가는 우리라면 꼭 21세기 작품을 봐야 한다고 생각한다. 우리가 겪는 사회 문제를 함께 겪고 느끼는 작가들이 그려 낸 세상은, 물론 난해하지만 볼 만한 가치가 있다.

한번은 사치 갤러리를 방문했다가 놀란 적이 있다. 반려견을 데려와 목줄도 없이 편안하게 작품을 관람하는 사람을 보았기 때문이다. 사치 갤러리와 어울리는 장면이라는 생각이 들었다. 미술관이 갖고 있는 보이지 않는 장벽이 소리 없이 천천히 무너지는 인상을 받았다. 강아지를 데리고 오는 것까지 허용한다는 건 미술관이 진보적인 마인드를 갖고 있기에 가능한 일이다. 작품만이 아닌 작품을 감상하는 방식까지 경계를 허무는 사치 갤러리의 행보에서, 트렌드를 이끌어 가려는 진정성이 엿보였다.

근래에는 사치 갤러리에서 한국 작가의 전시도 심심치 않게 볼 수 있다. 이는 한국 작가가 유럽 시장에 정착하고 국제적으로 활동 범위가 늘어나며 서구 사회가 충분히 반응할 만큼 영향력이 커지고 있다는 것을 의미한다. 한국 작가의 위상이 많이 달라졌음을 실감하게 된다. 19세기 자포니즘의 영향으로 우키요에가 유럽에서 성행했던 것과 같이, 21세기의 키워드는 한류라고 해도 과언이 아닐 것이다. 유명 컬렉터의 안목이 이들을 가리키고 있으니 말이다.

지금, 가장 뜨거운 미술의 트렌드를 확인하고 싶다면 뉴포트 스트릿 갤러리와 사치 갤러리를 방문 리스트에 꼭 포함시켜보자. 데미안 허스트와 찰스 사치가 어떤 사회적 문제와 트렌드를 캐치해 해당 작품을 '픽'했는지 유추하는 과정은, 작품을 해석하는 것 이상으로 색다른 재미를 선사할 것이다.

슬론 스퀘어에서 만나는 영국 사회

사치 갤러리는 런던 슬론 스퀘어에 위치한다. 슬론 스퀘어는 영국 박물관 설립의 초석을 마련했던 기부자 한스 슬론의 이름에서 유래한 만큼 갤러리 앞 광장에서 그의 조각을 볼 수 있다. 슬론 스퀘어는 런던에서도 부유한 고급 지역에 속한다. 주변을 걸으며 영국 부촌의 풍경을 구경하는 것도 즐거운 경험이 될 것이다.

길을 걷다 보면 많은 분들에게 익숙한 예술 전문 출판사 타셴^{Taschen} 스토어도 발견할 수 있는데, 평소에 접하기 힘든 대형 서적부터 수많은 장르의 예술 서적을 만날 수 있다. 타셴 출판사는 글보다 그림 위주로 책을 구성한다는 장점이 있으니 더욱더 편하게 감상할 수 있다. 주말 오전이면 다양한 음식을 파는 마켓도 열리니 눈과 입이 모두 만족스러운 산책길이 되지 않을까?

사치 갤러리의 외형은 현대 미술관이라고 하기에는 꽤 고전적인 모습을 띠고 있다. 갤러리 이전에 군부대 시설로 사용된 이력이 있기 때문이다. 그래서인지 주변에는 군인과 연관된 박물관과 시설이 많다. 군대 박물관이 있고, 국가유공자들이 연금을 받으며 사는 숙소인 첼시 펜셔너도 갤러리에서 멀지 않다. 영국은 군인에 대한 예우가 상상을 초월

할 정도로 잘 되어 있는 나라다. 그래서 군대와 관련된 시설이 런던의 부유한 지역에 들어설 수 있고 국가유공자가 평생 살 수 있는 집도 제공하는 것이다. 이런 모습을 보다 보면 영국이라는 사회를 좀 더 깊이 이해할 수 있지 않을까.

11

스트릿 아트, 쇼디치

도시의 풍경을 바꾸는
지붕 없는 갤러리

STREET
ART
SHOREDITCH

런던 거리를 걷다 보면 종종 벽에 그려진 낙서 그림을 보게 된다. 낙서라고 하기엔 꽤 정성이 들어간, 지저분하다고 하기엔 나름의 멋과 정교함이 느껴지는 그림들이다. 런던뿐만 아니라 뉴욕, 베를린 등에서 요즘 핫하기로 소문난 동네를 가보면 흔하게 이런 광경을 접할 수 있다. 그러다가 관광객이 오가는 좁은 통로에서, 음악이 흘러나오는 어느 빈티지 숍의 입구 계단에서, 차가 쌩쌩 달리는 널찍한 도로의 벽면에서 열심히 작업 중인 작가들을 보게 되는 경우도 생긴다.

나 또한 그런 경험이 있다. 어느 겨울날, 런던의 쇼디치 지역을 방문했을 때다. 길을 걸어가던 중 벽에 스프레이로 작업을 하고 있는 사람을 발견했다. 한 번도 얼굴을 본 적은 없지만 벽에 그려진 그림을 보고 그가 누구인지 단번에 알 수 있었다. 나는 곧장 그에게 다가가 말을 걸었다. 내가 생각한 그 사람이 맞는지 묻자 한 손에 스프레이를 든 '미스터 그래피티'가 고개를 끄덕이며 웃었다.

이제 이 책의 마지막 뮤지엄을 소개할 차례다. 미술관의 이름은 지붕 없는 미술관, 쇼디치다. 오래전부터 쇼디치는 소외된 사람들의 울타리가 되어 주었던 장소다. 17세기 위그노라 불렸던 프랑스 신교도들이 박해에서 벗어나기 위해, 20세기엔 유대인들이 히틀러를 피하기 위해, 1950~60년대에는 방글라데시 이민자들이 브리티시 드림을 꿈꾸며 모여든 곳이다. 다양한 지역에서 온 다양한 정체성의 사람들 덕에, 쇼디치는 문화적으로도 다양성을 띤 독특한 타운으로 발전할 수 있었다.

현재 쇼디치에서 가장 유명한 길은 브릭 레인^{Brick Lane}이

다. 방글라데시 이민자들이 정착할 당시 벽돌 공장을 비롯한 여러 공장이 많았던 탓에 브릭 레인이란 이름이 붙었다. 1킬로미터 정도 이어진 길에는 수십 개의 인도 커리집이 들어서 있고, 그 사이사이로 빈티지 숍과 나이트 클럽이 고개를 내밀고 있다. 길거리의 벽은 전 세계에서 몰려든 수많은 작가의 그래피티로 가득하다. 그야말로 젊음의 열기와 예술가들의 열정이 솟아나는 곳이다.

그런데 쇼디치는 그래피티 예술가들의 터전을 넘어서, 런던에서 가장 힙한 스트릿 아트의 성전으로도 통한다. 현대 예술의 가장 성역 없는 장르인 스트릿 아트를 이해하는 데 있어 간과할 수 없는 아주 중요한 지역인 셈이다. 한때 소외된 이민자들의 공간이었던 방글라타운은 어떻게 런던에서 가장 힙한 장소로 변모할 수 있었을까? 1980년대와 90년대, 젊은 영국 작가들과 함께 쇼디치라는 미술관의 정문을 힘껏 열어보자.

21세기 예술가들이 선택한 미술관, 길거리

쇼디치는 런던에서 젠트리피케이션을 대표하는 지역이다. 1980년대와 90년대 영국의 가난한 예술가들은 런던의 서쪽에 비해 물가와 집 임대료가 저렴했던 동쪽으로 몰려들었다. 작업실과 전시 공간을 물색하던 이들은 공장이 즐비한 쇼디치를 눈여겨보았다. 당시 쇼디치는 영국 제조업의 쇠퇴로 빈 공장이 늘어나고 있었는데, 주머니 사정이 여유롭지 않았던 이들에게는 절호의 기회였다. 가난하지만 꿈 많은 예술가들은 쇼디치의 버려진 공간을 하나둘 차지했다. 그러자 유행에 민감한 젊은 세대가 몰려왔다. 그렇게 그들 특유의 젊고 활기 넘치는 문화가 차츰 형성되었다. 시간이 흘러 현재, 쇼디치는 누가 뭐라 해도 유럽 스트릿 아트의 메카로 통한다.

1980년대 뉴욕에서 시작한 스트릿 아트는 이제 전 세계적으로 많은 팬을 확보한 하나의 장르로 인식되고 있다. 하지만 언제나 그랬듯 시작은 순탄하지 않았다. 80년대 발전하는 경제상과 선진적인 작가들을 보고 자란 젊은 예술가들은 새로운 시선과 방법으로 자신들의 예술적 창의력을 표현하고 싶었다. 우리가 익히 알고 있듯 미술계 기득권은 그들의 예술을 인정하지 않았다.

자유롭고 개방적인 마인드를 소유했던 젊은 작가들은 완전히 색다른 방향으로 시선을 돌렸다. '돈과 결정력 있는 사람들이 자신의 아트를 안 좋아한다면, 대중에게 평가를 받아보자.'며 사고의 전환을 꾀한 것이다. 그들은 성공으로 가는 전통적인 루트인 후원자와 미술관, 아트 딜러라는 선택지를 버리고 대중과 직접 소통하기 위해 길거리로 나왔다. 사람들이 많이 지나다니는 거리의 벽을 캔버스 삼아 자신의 생각과 철학을 표현했다. 그리고 대중에게 직접 평가받기를 원했다.[11]

여전히 기득권은 스트릿 아트를 어반 반달리즘^Urban

---

11 그래피티와 스트릿 아트는 다르다. 스트릿 아트 안에 그래피티가 포함된다. 그래피티는 레터링 위주의 예술을 뜻한다. 일반 대중이 아닌, 그래피티 아티스트가 아티스트에게 메시지를 전달한다. 누가 더 위험천만한 곳에 메시지를 남기는가에 따라 작품의 가치가 평가된다. 반면 스트릿 아트는 대중에게 작가 자신을 인지시키는 것이 중요하다.

^{Vandalism}, 도시 파괴라 부르며 인정하지 않았다. 하이 아트와 로우 아트의 구분을 명확히 짓고 로우 아트에 속했던 길거리 예술을 폄하하며, 지하철 플랫폼 같은 공공 시설물에 작업 중이던 작가를 체포해 가기도 했다. 스트릿 아트는 제대로 된 대접을 받을 수 없었다. 하지만 그럴수록 대중은 스트릿 아트 작가에 열광했고, 스트릿 아트에 담긴 철학, 생각, 저항 정신에 열광했다.

이런 방식으로 인기를 얻은 작가가 미국의 바스키아와 키스 해링이다. 스트릿 아트의 창시자 격인 바스키아의 작품에는 인종 문제에 대한 분노가 담겨 있다. 그는 인종 차별이 만연했던 시절, 자신이 흑인이기에 받았던 부당한 대우와 인격적인 모독을 작품에 표출했다. 바스키아의 그림은 미국과 유럽에 살고 있는 많은 흑인들에게 지지를 얻을 수밖에 없었다.

바스키아의 작품 활동은 로우 아트를 괄시하는 미술계 기득권에 대한 저항이라기보다, 살면서 그가 몸소 부딪혀야 했던 인종 차별에 대한 개인적 분노를 표현한 것에 그치지 않을지도 모른다. 하지만 바스키아를 비롯해 길거리 예술가들이 당시 미국이란 나라가 갖고 있던 사회 문제를 예술로써 저항했다는 점은, 스트릿 아트의 정체성과 성격을 형성하는 데 커다란 영향을 끼쳤다. 이렇게 시작한 스트릿 아트는 유럽에도 뿌리를 내렸고, 쇼디치는 유럽 스트릿 아트의 중심지가 되었다.

리버풀 스트릿역은 스트릿 아트를 관람하기 위한 최적의 장소다. 여기서부터 브릭 레인을 거쳐 쇼디치의 하이 스트릿역까지 도보로 대략 2시간 정도 걸리는 길에는 다양한 스트릿 아트 작가들의 그림이 빼곡하다. 우리는 이 거리의 미술관을 1년 365일 쉬는 날 없이 무료로 감상할 수 있다. 가로등 기둥부터 이정표까지 길거리 곳곳에는 예술가들이 자신을 알리기 위해 붙인 스티커가 가득하다. 전 세계에서 모인 작가들이 런던에 입성했다는 표식을 이런 식으로 하고 있는 것이다. 쇼디치는 수많은 작가가 모여, 개인적인 철학을 표현하는 것을 넘어, 유명 인사가 되겠다는 포부를 안고 대중에게 자신의 예술을 평가받는 21세기 예술의 진검 승부의 장이다. 이제부터 이 승부에서 승리한 세 명의 작가를 소개한다.

뱅크시, 사랑은 쓰레기 통에 예술은 사회 속에

뱅크시는 얼굴 없는 길거리 예술가로 유명하다. 영국 브리스톨 출신이라는 것 외에 자신의 정보를 알리지 않고 10년

넘게 활동하고 있으니 말이다. 그럼에도 세계에서 가장 성공한, 가장 대중적인 지지를 받는, 가장 유명한 스트릿 아트 작가가 되었다. 뿐만 아니다. 그는 미술 시장을 뒤흔들어 하위 예술로 치부되던 스트릿 아트를 최고의 경지에 올려놓았다. 뱅크시는 사회적이고 세계적인 이슈에 자신의 생각을 명료하게 반영해 작품을 만든다. 그의 메시지는 대중에게 직관적으로 전달되고, 이에 공감한 대중은 뱅크시에게 열렬한 응원을 보낸다.

2018년, 뱅크시가 미술계에 신선한 충격을 날렸던 일화가 있다. 그의 벽화 '풍선을 든 소녀'가 실크 스크린 판화로 제작되어 소더비 경매에서 낙찰되는 순간, 분쇄기로 파쇄되는 엽기적인 사건이 일어났다. 뱅크시 자신이 계획한 일로 작품 안에 파쇄 장치를 숨기고 낙찰이 결정되자마자 그림이 갈라지도록 작동시킨 것이었다. 이후 작품은 '풍선을 든 소녀'에서 '사랑은 쓰레기통에 있다'라는 이름으로 바뀌었다. 낙찰받은 사람은 이것 또한 예술이라며 소송을 걸지 않고 분쇄된 작품을 그대로 인수했다. 미술 시장의 거품을 고발하고 싶었던 뱅크시의 메시지에 얼마나 많은 사람이 공감을 표하는지 알 수 있는 하나의 사건이었다.

뱅크시는 벽에 큰 의미를 두지 않고 자신의 생각을 표

현하지만, 때로는 벽 자체를 통해서도 의미를 남긴다. 2021년, 영국에서 동성애가 심각한 사회 이슈로 떠올랐을 때 버크셔주의 레딩 감옥 담장에서 뱅크시의 그림이 발견되었다. 죄수복을 입은 사내가 침대 시트로 매듭을 지어 교도소를 탈출하는 그림이었다. 매듭의 끝에 매달린 물건은 다름 아닌 타자기였다. 뱅크시는 커밍아웃을 했다는 이유로 사회적 질타를 받고 래딩 감옥에 투옥되었던 오스카 와일드를 추모하면서, 표현의 자유를 억압하는 영국 사회에 날카로운 메시지를 던진 것이다.

우리에게는 다소 생소한 그림이지만, 오스카 와일드라는 역사적 인물을 공유한 서양인들에게는 뒤통수를 한 대 치는, 재치와 깊이를 잡은 작품이었다. 그는 이스라엘과 팔레스타인 분쟁에도 관심이 많아 평화를 모티브로 한 작품을 팔레스타인 쪽에 많이 남겨 두었다. 세계를 무대로 자신의 철학을 길거리 벽에 묘사하며 더 많은 사람과 소통할 수 있도록 길을 만들어 준 작가가 뱅크시라 생각한다.

뱅크시의 명료한 메시지와 사회, 정책 비판은 언론이 해야 하는 일과 닮아 있다. 그러나 언론은 언어라는 한계가 있다. 반면 뱅크시는 이미지로 말을 건다. 16세기 작가들이 르네상스의 이상과 철학을 이미지화하고 18세기 작가들이

변화무쌍한 시대성을 표현했듯이, 뱅크시는 자신의 생각을 스프레이로 그린다. 뱅크시에게서 우리가 봐야 할 것은 얼마나 그림을 잘 그리느냐가 아니라 얼마나 메시지를 잘 전달하느냐다. 그가 주목받는 이유는 그림을 잘 그려서라기보다 이슈에 대한 정곡을 찔러서다. 언어와 문화적 장벽을 관통하는 그의 작품은 공감을 이끈다. 사회적이고 정치적인 주제에 대해 스트릿 아트로 카운터펀치를 날리는 뱅크시의 작품을 쇼디치에서 만날 수 있다.

쇼디치에는 뱅크시의 작품 몇 개가 보존되고 있는데 그중 두 개를 소개한다. 하나는 경찰관이 푸들을 데리고 서 있는 모습이다. 뱅크시의 눈으로 본 경찰의 무능함, 권력 밑에서 하수인 노릇을 하는 경찰의 현실, 작가 자신이 갖고 있는 공권력의 불신을 묘사한 그림이다. 이 그림이 그려진 벽면의 끝에는 또 하나의 뱅크시 작품이 있다.

강아지 한 마리가 바주카포를 어깨에 메고 축음기를 향해 발사하기 직전의 모습을 하고 있다. 이 그림은 세계적인 음반사 HMV를 패러디한 작품이다. HMV는 'His Master's Voice'의 앞 글자를 따서 만든 이름이다. 로고 모양은 축음기에서 죽은 주인의 목소리가 나오자 강아지가 반응하며 주인의 목소리를 들었다는 이야기에서 유래되었다. 히지만 뱅크시는 인간이 아닌 강아지의 입장에서 작품을 묘사했다. 죽어서까지 자신을 컨트롤하려는 주인이 얼마나 싫었으면 바주카포로 죽음기를 날려버리려고 한다. 이 얼마나 영국스러운 유머인가.

나의 뇌리에 강하게 남은 작품이 몇 점 더 있다. 2015년에 프랑스 칼레에서 경찰이 영국으로 넘어가기 위해 몰려 있던 난민들에게 최루탄을 발포해 무력 진압한 사건이 뉴스에 보도되었다. 그 일이 일어난 직후 뱅크시는 런던의 프랑스 대사관 벽에 작품을 남겼다. 이 벽면에는 《레미제라블》의 주인공인 코제트가 울고 있는 모습으로 등장한다. 코제트가 눈물을 흘리는 이유는 작품 아래에 묘사된 최루탄 가스 때문이다.

소녀가 한 손에 든 자유, 평등, 박애를 상징하는 프랑스의 삼색기는 찢어져 있다. 프랑스에는 더 이상 자유와 평등, 박애가 존재하지 않는다는 것을, 난민들에게 최루탄을 발포한 프랑스 정부의 행동은 정당하지 못하다는 것을 뱅크시는 고발한 것이다. 뱅크시의 작품이 등장했다는 뉴스를 들은 다음날, 나는 곧바로 런던의 프랑스 대사관을 찾아갔다. 놀랍게도 이미 많은 사람이 와서 사진을 찍고 있었다. 경찰 인력을 동원해 보초까지 배치되어 있었다. 그 모습을 보자 웃기기도 하고 슬프기도 했다. 알 수 없는 미묘한 감정이 들었다.

런던에서 경험한 뱅크시의 작품이 하나 더 있다. 2017년, 런던은 바스키아 특별전이 한창이었다. 전시회가 열린 장소는 바비칸 센터, 20세기의 새로운 패러다임인 실용성에 착안해 계획적으로 만들어진 런던의 문화 복합 주거 단지였다. 런던 심포니 오케스트라의 메인 연주장도 이 바비칸에 속해 있다. 바스키아 전이 한창 열리고 있을 때, 한 관계자가 더 이상 바비칸 지역에서 스트릿 아트를 허용하지 않겠다는 포고를 날렸다. 자신들이 추구하는 고전 예술이 진정한 예술이고, 스트릿 아트는 도시 파괴에 불과하다는 기득권의 속내를 여과 없이 발표한 것이다.

이 발표가 있고 난 후 뱅크시는 가만히 있을 수 없었다. 바로 행동으로 옮겼다. 바비칸 전시 홀이라는 이정표가 정확히 붙어 있는 벽을 선택한 그는, 바스키아를 상징하는 검은 해골이 경찰들에 의해 수색받고 있는 모습을 그렸다. 뱅크시의 그림이 생겼다는 기사를 보고 내가 서둘러 바비칸을 방문했을 때는 이미 경비원이 경비를 서고 있었다. 멋지게 스트릿 아트를 금지한다고 표명했지만 그들도 뱅크시의 작품을 놓고 어찌 해야 할지 상당히 고민하는 모습이 역력했다. 이 상황을 보면서 앤디 워홀의 말이 생각났다. '유명해져라, 그러면 사람들은 똥을 싸도 박수를 쳐줄 것이다.'

스트릿 아트는 장단점이 분명하다. 장점이라면 누구나 쉽게 건물주의 허락하에 그림을 그릴 수 있다는 점이다. 그런 점에서 진입 장벽이 아주 낮다. 하지만 뱅크시 같은 경우는 주인에게 허락을 받지 않아도 얼마든지 작품을 원하는 대로 그릴 수 있다. 일단 뱅크시의 작품이 그려지고 나면, 그 건물과 작품은 일제히 매스컴의 주목을 받아 가치가 상승하고 사람들이 몰려든다.[12]

코로나19 팬데믹이 시작된 2020년 초, 뱅크시는 자신의 고향인 브리스톨의 주택 벽에 재채기를 하는 귀여운 할머니를 그렸다. 그녀의 입에서 틀니가 빠져나오며 침이 사방으로 튀는 익살스러운 작품이었다. 재미있게도 그 집주인은 집을 팔려고 내놓은 상태였는데, 뱅크시가 그림을 그려 놓으면서 집값이 몇 배로 상승했다는 기사를 보았다. 만약 자고 일어났는데 뱅크시가 내 건물의 벽에 그림을 남겼다면 화를 낼 일이 아니라 어떻게 보호해야 할지 신경쓰는 데 더 골몰해야 할 것이다.

---

12 뱅크시는 그림을 그린 후 자신의 웹사이트 banksy.co.uk에 해당 작품을 공개하며 진위 여부를 가리고 있다.

그렇다면 스트릿 아트의 단점에 대해서도 한 번 이야기를 해보자. 바로 거리에 무방비로 노출된다는 점이다. 아무리 뱅크시라 할지라도 모든 사람의 사랑을 받을 수는 없는 일이다. 그를 싫어하는 안티 뱅크시에게 공격을 당할 수도 있다. 누군가 작품에 스프레이를 뿌리거나 물감으로 덧칠을 할 수도 있고, 작품이 아예 없어질 수도 있다. 벽에 그렸다고 해서 자동으로 보호 장치가 생기는 것은 아니기 때문이다. 이런 문제 때문에 소문난 스트릿 아트를 그 장소에서 실제로 보기는 상당히 힘들다. 뱅크시 작품의 경우에는 파괴를 방지하기 위해 벽을 잘라놓기도 한다. 앞서 소개한 쇼디치의 작품 두 점도 지금은 아크릴로 보호하고 있는 상태지만, 언제까지 보존될지는 아무도 모른다.

스틱, 스트릿 아트의 아이콘이 된 노숙자

이번에 소개할 스트릿 아티스트는 스틱이다. 쇼디치를 걷다 보면 간단한 선으로 이루어진 마르고 긴 사람을 심심치 않게 볼 수 있다. 한 번 보면 평생 기억할 수 있을 만큼 단순하지만 강렬하게 다가오는 작품이다. 이 작품의 아티스트 스틱은 노숙자 출신이라는 과거를 갖고 있다. 노숙자 시절 벽에 그림을 그리다가 영국 출신의 영화 배우 주드 로에게 발

탁되어, 주드 로 집의 정원 벽에 작품을 남기면서 인기를 얻었다. 이제는 스트릿 아트의 전설적인 작가가 되어 매스컴에서도 그의 작품이 자주 등장한다.

브릭 레인에 가면 스틱의 작품 여러 점을 만날 수 있다. 그중에서도 백인과 히잡을 쓴 두 인물 그림이 있는데, 이주민과 무슬림이 많은 지역의 정체성을 고려해 서로 다른 문화를 가진 사람들이 사이좋게 살아야 한다는 메시지를 간단명료하게 전달한 것이다. 더 나아가 스틱은 노숙자들을 위한 자선 운동을 꾸준히 벌이고 있다. 그들을 훨씬 잘 이해할 수 있는 사람으로서, 자신의 인지도를 이용해 노숙자들이 새로운 삶을 찾을 수 있도록 돕고 있는 중이다.

스트릿 아티스트들의 목표는 대부분 비슷하다. 대중에게 자신을 알려 유명한 작가가 되고, 작품을 상업적으로 파는 것이다. 그 목표에 도달하기까지 여러 방법이 있다. 권력자에게 스폰서를 받을 수도 있고, 갤러리에 입성하거나 미디어에 노출될 수 있다. 또는 스트릿 아트처럼 대중을 상대로 진검 승부를 펼칠 수도 있다.

그런데 스틱은 조금 독특한 면이 있다. 처음부터 유명해지기 위해 그림을 배운 것이 아니라, 노숙자 출신으로서 무료함을 달래기 위해 그림을 시작했기에 단 한 번도 예술가로서의 성공을 꿈꿔본 적이 없었다. 경제적 성공을 이룬 뒤에도 그에게는 예술가로서의 성공이라거나 유명인이 되겠다는 목표가 생기지 않은 듯하다. 자신의 예술적 능력과 경제력을 과거의 자신과 같은 사람들, 노숙자의 삶을 위해 다 바치고 있으니 말이다. 개인적으로 21세기 예술이 추구해야 하는 궁극적인 방향은 사회 재생이라고 생각한다. 스틱은 그걸 보여 주는 바람직한 예다. 그는 상업적으로 자신의 가치를 올리기보다 사회적 약자를 돕는 데 핵심을 둔다. 유명해진 뒤에도, 돈을 번 뒤에도 이 목표에는 흔들림이 없다. 정말 대단한 일이다.

센즈, 자신의 예술성을 파는 예술가

하지만 스트릿 아트의 영역에서는 스틱과 반대되는 케이스가 더 많다. 21세기 대형 글로벌 회사들이 홍보를 위해 스트릿 아트를 어디까지 활용하는지 이야기를 듣고 나면, 그 차이를 더 적나라하게 비교할 수 있다. 애플, 구글, 구찌와 같은 기업들은 홍보를 위해 스트릿 아트를 적극적으로 활용한다. 눈에 잘 띄는 벽을 임대한 후 유명 작가나 혹은 이름이 알려져 있지 않아도 목적에 맞는 스트릿 아트 작가를 고용해 스트릿 아티스트들을 보유한 에이전시가 따로 있을 정도다 길거리 광고를

한다. 업종도 다양해지고 있는 추세다. 쇼디치에 가면 이런 비즈니스 광고를 그리는 예술가들을 실제로 여러 명 볼 수 있다.

이쯤에서 궁금증이 하나 생긴다. 내로라하는 기업들이 눈을 돌릴 만큼, 대중은 스트릿 아트에 정말 반응하고 있는 걸까? 특히 한국에서 스트릿 아트를 쉽게 볼 수 없는 우리에게는 더더욱 다른 세상의 이야기처럼 들린다. 이 질문에 대한 답을 한 마디로 압축하자면, 이런 광고 활동은 런던의 전역에서 펼쳐지지 않는다. 오직, 쇼디치에서만 자주 목격된다. 쇼디치가 갖는 특징, 바로 젊음과 다양성과 트렌드에

민감한 이들이 모여 있는 곳이란 상징성 때문이다. 21세기의 작가들은 저명한 미술 학교, 기득권이 주시하는 전시회에서 빠져나와 길거리를 선택했다. 그리고 도시의 벽을 통해 자신들의 예술관을 어필하고 있다. 이뿐만 아니라 많은 돈을 벌기 시작했다.

10년 이상 쇼디치를 주기적으로 다니면서 많은 작가의 작품을 보았다. 그중에서 나의 마음을 사로잡은 작가가 있었고, 그가 10년 동안 어떻게 성장하는지 지켜보았다. 센즈라는 작가였다. 센즈의 작품은 공상 과학 만화를 보는 듯 퓨처리스틱하다. 스프레이로 그렸다고는 믿을 수 없을 만큼 매우 화려하고 정교하다. 그의 작품은 10년 동안 꾸준히 쇼디치를 점령했다. 작품의 크기는 대부분 작지 않다. 작업 시간도 아주 오래 걸렸다는 것을 보는 즉시 인지할 수 있다.

여기에서 바로 앞서 소개한 뱅크시와 센즈의 차이가 드러난다. 첫째, 뱅크시는 건물주의 허락을 받지 않고 몰래 그린다. 즉, 사유 재산 파손이다. 그래서 뱅크시는 정교하게 준비해 온 도화지를 벽에 대고 스프레이로 뿌려 작업하는 실크 스크린 방법을 사용한다. 넉넉잡고 1분 안에 작품을 벽에 남기고 사라질 수 있다. 이런 이유로 사람들은 그의 얼굴을 알지 못한다.

　센즈는 어떨까? 그 반대다. 주문을 받거나 건물주로부터 허락을 받고 작품을 한다. 그렇다 보니 작가가 심혈을 기울여 작업했다는 흔적이 분명하게 느껴진다. 작품의 크기가 크고 위치 또한 벽의 높은 곳에 작업되어 있다. 크레인을 동원했다는 뜻이다. 이런 식으로 자신의 특징을 대중에게 어필한 센즈는 갤러리에서 작품을 파는 작가로도 활동한다. 이 지점에서 뱅크시와 센즈의 두 번째 차이점이 드러난다. 뱅크시는 미술계 기득권이 득실득실한 전시회와 경매장, 갤러리의 아성을 무너뜨리며 사회 풍자적인 작품을 선보이는 반면, 센즈는 다른 방향을 바라본다. 그는 철학을

전파하기보다 자신이 추구하는 예술의 스타일을 '파는' 예
술가에 가깝다.

지금까지 세 명의 스트릿 아티스트를 알아보았다. 이 외
에도 세계적으로 유명한 작가들이 있지만 그 수는 손에 꼽
을 정도로 적다. 스트릿 아트에는 대중의 마음을 얻기 위해
부단한 창작의 고통이 뒤따르고, 설사 관심을 받는 데 성공
했다 하더라도 그 유효 기간을 보장할 수 없어서다. 수많은
스타가 등장했다가 눈 녹듯 사라지는 세상이다. 하지만 그
런 와중에도 자신의 세계관과 캐릭터를 구축해 성공한 작
가들이 있다. 이 챕터에 소개된 세 명의 아티스트는 21세기

에서 가장 위대한 자가라고 해도 과언이 아닐 것이다.

　개인적으로 21세기의 벽에 그려지는 스트릿 아트는 중세 시대 교회 벽에 그려졌던 제단화와 비슷하다는 생각이 든다. 교회 벽에 제단화가 그려졌던 건 신도들에게 메시지를 전달하기 위해서였다. 교회의 가르침을 잘 따르고 신앙 생활을 충실히 해나가자는 무언의 독려이자 압박이었다. 나는 애플과 구찌도 비슷한 일을 하고 있다고 생각한다. 우리가 만든 최신 전화기를 사용하자는, 우리가 만든 가방을 어깨에 걸치자는 무언의 독려이자 압박이다.

　이처럼 예술은 숭고하기만 한 것이 아니다. 모든 예술은 상업성을 품고 있다. 10대들의 낙서라고 치부되던 스트릿 아트는 어느덧 대중과 손잡기 위해 애플이 이용하고, 구글이 애용하는 용광로가 되었다. 이것이 21세기의 시대성이 아닐까 생각한다. 예술가들은 시대성을 묘사하고, 선택은 특권층이 아닌 대중이 한다. 스트릿 아티스트들은 대중을 설득하기 위해 오늘도 벽을 마주한 채 그림 그리기를 계속하고 있다.

영혼의 음식, 모험하는 영혼들

어느 국민에게나 가장 좋아하는 소울 푸드가 있다. 그렇다면 영국인에게 영혼의 음식은 무엇일까? 영국에 온 지 얼마 안 되었을 때, 우리가 자연스럽게 강남역 등에서 약속을 잡는 것처럼 영국인들이 쇼디치에서 자주 만나는 것을 보고 의아한 생각이 들었다. 시간이 흘러 그 이유를 알게 되었을 때는 참 재미있다는 생각이 들었다. 피쉬 앤 칩스나 햄버거도 아닌, 바로 인도 커리 때문이라니.

영국은 100년이 넘는 오랜 기간 동안 인도를 식민 지배해 왔다. 오랜 시간 영국에 정착한 인도인들은 자신의 음식 문화를 영국에 뿌리내렸다. 그런 영향으로 대부분의 영국인들은 어려서부터 인도 커리를 주기적으로 접한다. 자신의 취향에 맞는 인도 소스도 한두 가지씩은 알고 있다. 특히 기숙 학교를 졸업한 학생들은 급식소에서 일주일에 한 번 꼴로 커리를 먹는다. 인도 커리는 영국인들에게 떼려야 뗄 수 없는 음식이자 영국을 이해하기 위한 중요한 키워드다.

최고의 인도 요리사들은 모두 이 런던에 모여 있다. 그리고 런던에서도 커리로 가장 유명한 장소가 쇼디치의 브릭 레인이다. 런던 사람들은 브릭 레인이라는 말을 들으면 반사적으로 커리를 떠올린다. 많은 분들이 피쉬 앤 칩스를 영국의 대표 음식으로 꼽지만, 꼭 브릭 레인의 커리집을 방문해보기 권한다. 브릭 레인 길에는 몇십 개의 커리집이 자리

한다. 어느 집에 들어가도 실패는 안 할 것이다.

브릭 레인은 벼룩시장으로도 유명하다. 매주 일요일이면 수많은 노점상이 등장하는데 주로 빈티지 제품을 판다. 한때 전 세계 음반 시장을 장악했던 영국답게 옛날 버전의 레코드판을 판매하는 숍도 쉽게 만나볼 수 있다. 신발과 의류 등 편집숍도 늘어서 있어서 젊음의 바이브를 느끼고 싶다면 쇼디치의 브릭 레인 만한 장소가 없다. 게다가 자유로운 마인드와 꿈을 가진 스트릿 아트 작가들의 영혼을 365일 24시간 느낄 수 있는 곳이니, 이보다 더 모두에게 열려있는 뮤지엄이 있을까. 마지막으로 상당 기간 쇼디치에 머물며 극작 생활을 했던 셰익스피어의 문장으로 이 글을 마무리하고자 한다.

'The World is Your Oyster.'

세상은 기회로 가득차 있다는, 셰익스피어의 《윈저의 즐거운 아낙네들》에 나오는 문장이다. 영국 사람들은 큰 모험을 앞두고 있는 사람들에게 자신감을 주고 싶을 때 이 말을 건넨다. 자신만의 눈으로 세상을 정의하고, 이상을 꿈꾸며, 현실을 바꿔 나갔던 런던의 아티스트들처럼, 막 기회의 문에 들어선 여러분의 모험을 온 마음을 다해 응원한다.

[레퍼런스]

1. V&A 뮤지엄

· V&A뮤지엄 홈페이지: https://www.vam.ac.uk
· The story of the Raphael Cartoons, Ana Debenedetti, Alessandra Rodolfo, Brett Dolman, V&A: http://bit.ly/3E7dK65
· Art History, Michael Hatt and charlotte Klonk

2. 국립 미술관

· 반고흐 영혼의 편지, 반고흐 지음/신성림 옮김, 위즈덤 하우스
  국립 미술관 홈페이지: https://www.nationalgallery.org.uk
· Art History, Michael Hatt and charlotte Klonk

3. 코톨드 갤러리

· 코톨드 갤러리 홈페이지: https://www.courtaild.ac.uk
· The Courtauld Collection: A Vision of Impressionism, Courtauld, paul Holberton
· Van Gogh. Self-portraits Exhibition Catalogue, Louis van Tilborgh, Martin Bailey

4. 월레스 컬렉션

· 월레스 컬렉션 홈페이지: http://www.wallacecollection.org
· Art History, Michael Hatt and charlotte Klonk
· The Wallace Collection, Scala Publishers

5. 영국 박물관

· 영국 박물관 홈페이지:http://www.britishmuseum.org

· 어떻게 이해할까? 이집트 미술, 올리비아 초튼 저/황종민 역, 미술문화

· 대영박물관, 루카 모자티 지음/최병진 옮김, 마로니에북스

6. 존 손 박물관

· 존 손 박물관 홈페이지: http://www.soane.org

· A Complete Description of Sir John Soane's Museum, Published by Sir John Soane's Museum

· 카날레토, 네이버 지식백과: https://bit.ly/3ImuubX

7. 테이트 브리튼

· 테이트 홈페이지: http://www.tate.org.uk

· Tate Britain companion A guide to British Art, Penelope Curtis, TATE PUBLISHING

· Pre-Raphaelites Victorian Avant-Garde, Tim Barringer, JasonRosefeld, Alison Smith, TATE PUBLISHING

· Art History, Michael Hatt and charlotte Klonk

8. 테이트 모던

· 테이트 홈페이지: http://www.tate.org.uk

· Tate Modern Handbook, Mathew Gale

· 열려라 현대미술, 모니카 붐 두첸, 아트북스

9. 뉴포트 스트릿 갤러리

· 뉴포트 스트릿 갤러리 홈페이지:

http://www.newportstreetgallery.com

이제서야 보이는 런던의 뮤지엄

초판 1쇄	2023년 4월 3일 발행
초판 2쇄	2023년 4월 20일 발행

지은이	윤상인
펴낸이	이동진
기획	트래블코드 X 가이드라이브
편집	이동진
에디터	김세리
디자인	김소미
인쇄	영신사

펴낸곳	트래블코드
주소	서울 종로구 종로3길 17, B206호
이메일	contact@travelcode.co.kr
출판등록	2017년 4월 11일 제300 2017 54호

ISBN	979 11 966077 8 4 13980
정가	18,800원